JN237278

双書③・大数学者の数学

オイラー
無限解析の源流

高橋浩樹

現代数学社

レオンハルト・オイラー (1707–1783)

まえがき

20 世紀を代表する数学者アンドレ・ヴェイユ (1906 – 1998)
は，オイラーを次のように評した[1].

> 「18 世紀の大半にわたりオイラーが占め続けたご
> とき，純粋，応用を問わぬ数学の全分野で異論の
> 余地のない指導的地位に立った数学者は他にいた
> ことがない」

オイラーの研究分野は，純粋数学だけではなく，音楽・光
学・天文学といった分野に及んでいる．これらの多彩な分野

---

[1] ヴェイユ『数論』p.173 参照.

は，古代ギリシャのピタゴラス学派における「数学（マテーマタ）＝学ばれるべきもの」の四科，算術・音楽・幾何学・天文学を思い起こさせる．この四科はピタゴラス学派の中心的な教説「数は万物の実体である」に沿ったものであり，「数および量」との関わりにおいて共通している．そしてオイラーこそは，その並外れた計算能力を多彩な分野の中でいかんなく発揮した「数そのもの」の探検家であった．

コンドルセ (1743–1794) [2] が，オイラーの驚嘆すべき計算について，こんな逸話を伝えている．

> 「オイラーの二人の弟子が複雑な収束級数を 17 項まで計算したものの，彼らの答えは 1 つだけ数字が異なっていた．オイラーはどちらが正しいのか問われ，完全に暗算で計算した．そこで彼が下した結論は正しかった」

もちろんオイラーは，単なる計算能力のみに優れていたわけではない．彼は，具体的な問題を適切に処理するために，数多くの効率の良い計算手段（アルゴリズム）を与える天才アルゴリストでもあった．彼はアルゴリズムという武器を携えて，数学世界や現実世界の奥底にある事実を見出そうと果敢に挑戦した．

例えば，彼の計算による 61＝59＋2 組の友愛数のリストが知られている[3]．次ページ以降に掲載したが，数が好きでなければ，単に数字の羅列に見えるかもしれない．

---

[2] 数学者・哲学者・政治家．社会学の創設者の一人でもある．
[3] 友愛数とは，真の約数和がお互いの数に等しい自然数の組のことである．詳しくは第 2 部冒頭を参照．

友愛数 A

Catalogus numerorum amicabilium.

$$\text{I} \begin{cases} 2^2.5.11 \\ 2^2.71 \end{cases} \quad \text{II} \begin{cases} 2^2.23.47 \\ 2^2.1151 \end{cases} \quad \text{III} \begin{cases} 2^2.191.383 \\ 2^2.73727 \end{cases}$$

$$\text{IV} \begin{cases} 2^2.23.5.137 \\ 2^2.23.827 \end{cases} \qquad \text{V} \begin{cases} 3^2.7.13.5.17 \\ 3^2.7.13.107 \end{cases}$$

$$\text{VI} \begin{cases} 3^2.5.13.11.19 \\ 3^2.5.13.239 \end{cases} \qquad \text{VII} \begin{cases} 3^2.7^2.13.5.41 \\ 3^2.7^2.13.251 \end{cases}$$

$$\text{VIII} \begin{cases} 3^2.5.7.53.1889 \\ 3^2.5.7.102059 \end{cases} \qquad \text{IX} \begin{cases} 2^2.13.17.389.509 \\ 2^2.13.17.198899 \end{cases}$$

$$\text{X} \begin{cases} 3^2.5.19.37.7.887 \\ 3^2.5.19.37.7103 \end{cases} \qquad \text{XI} \begin{cases} 3^2.5.11.29.89 \\ 3^2.5.11.2699 \end{cases}$$

$$\text{XII} \begin{cases} 3^2.7^2.11.13.41.461 \\ 3^2.7^2.11.13.19403 \end{cases} \qquad \text{XIII} \begin{cases} 3^2.5.13.19.29.569 \\ 3^2.5.13.19.17099 \end{cases}$$

$$\text{XIV} \begin{cases} 3^2.7^2.13.97.5.193 \\ 3^2.7^2.13.97.1163 \end{cases} \qquad \text{XV} \begin{cases} 3^2.7.13.41.163.5.977 \\ 3^2.7.13.41.163.5867 \end{cases}$$

$$\text{XVI} \begin{cases} 2^4.17.79 \\ 2^4.23.59 \end{cases} \qquad \text{XVII} \begin{cases} 2^4.23.1367 \\ 2^4.53.607 \end{cases}$$

$$\text{XVIII} \begin{cases} 2^4.47.89 \\ 2^4.53.79 \end{cases} \qquad \text{XIX} \begin{cases} 2^4.23.479 \\ 2^4.89.127 \end{cases}$$

$$\text{XX} \begin{cases} 2^4.23.367 \\ 2^4.103.107 \end{cases} \qquad \text{XXI} \begin{cases} 2^4.17.5119 \\ 2^4.239.383 \end{cases}$$

$$\text{XXII} \begin{cases} 2^4.17.10303 \\ 2^4.167.1103 \end{cases} \qquad \text{XXIII} \begin{cases} 2^4.19.1439 \\ 2^4.149.191 \end{cases}$$

$$\text{XXIV} \begin{cases} 2^4.59.1103 \\ 2^4.79.827 \end{cases} \qquad \text{XXV} \begin{cases} 2^4.37.12671 \\ 2^4.227.2111 \end{cases}$$

$$\text{XXVI} \begin{cases} 2^4.53.10559 \\ 2^4.79.7127 \end{cases} \qquad \text{XXVII} \begin{cases} 2^4.79.11087 \\ 2^4.383.2309 \end{cases}$$

$$\text{XXVIII} \begin{cases} 2^4.383.9203 \\ 2^4.1151.3067 \end{cases} \qquad \text{XXIX} \begin{cases} 2^4.11.17.263 \\ 2^4.11.43.107 \end{cases}$$

$$\text{XXX} \begin{cases} 3^2.5.7.71 \\ 3^2.5.17.31 \end{cases} \qquad \text{XXXI} \begin{cases} 3^2.5.13.29.79 \\ 3^2.5.13.11.199 \end{cases}$$

友愛数 B

$$\text{XXXII} \begin{cases} 3^2.5.13.19.47 \\ 3^2.5.13.29.31 \end{cases} \qquad \text{XXXIII} \begin{cases} 3^2.5.13.19.37.1583 \\ 3^2.5.13.19.227.263 \end{cases}$$

$$\text{XXXIV} \begin{cases} 3^2.7.13.19.11.220499 \\ 3^2.7.13.19.89.29399 \end{cases} \qquad \text{XXXV} \begin{cases} 3^2.5.19.37.47 \\ 3^2.5.19.7.227 \end{cases}$$

$$\text{XXXVI} \begin{cases} 2^4.67.37.2411 \\ 2^4.67.227.401 \end{cases} \qquad \text{XXXVII} \begin{cases} 3^2.5.7.11.29 \\ 3^2.5.31.89 \end{cases}$$

$$\text{XXXVIII} \begin{cases} 2.5.23.29.673 \\ 2.5.7.60659 \end{cases} \qquad \text{XXXIX} \begin{cases} 2.5.7.19.107 \\ 2.5.47.359 \end{cases}$$

$$\text{XL} \begin{cases} 2^4.11.163.191 \\ 2^4.31.11807 \end{cases} \qquad \text{XLI} \begin{cases} 3^2.7.13.23.11.19.367 \\ 3^2.7.13.23.79.1103 \end{cases}$$

$$\text{XLII} \begin{cases} 3^2.5.23.11.19.367 \\ 3^2.5.23.79.1103 \end{cases} \qquad \text{XLIII} \begin{cases} 2^4.11.59.173 \\ 2^4.57.2609 \end{cases}$$

$$\text{XLIV} \begin{cases} 2^4.11.23.2543 \\ 2^4.383.1907 \end{cases} \qquad \text{XLV} \begin{cases} 2^4.11.23.1871 \\ 2^4.467.1151 \end{cases}$$

$$\text{XLVI} \begin{cases} 2^4.11.23.1619 \\ 2.719.647 \end{cases} \qquad \text{XLVII} \begin{cases} 2^4.11.29.239 \\ 2^4.191.449 \end{cases}$$

$$\text{XLVIII} \begin{cases} 2^4.29.47.59 \\ 2^4.17.4799 \end{cases} \qquad \text{XLIX} \begin{cases} 2^4.17.167.13679 \\ 2^4.809.51071 \end{cases}$$

$$\text{L} \begin{cases} 2^4.23.47.9767 \\ 2^4.1583.7103 \end{cases} \qquad \text{LI} \begin{cases} 2^2.5.13.1187 \\ 2^2.43.2267 \end{cases}$$

$$\text{LII} \begin{cases} 3^2.7.13.5.17.1187 \\ 3^2.7.13.131.971 \end{cases} \qquad \text{LIII} \begin{cases} 3^2.7.13.53.11.211 \\ 3^2.7.13.53.2543 \end{cases}$$

$$\text{LIV} \begin{cases} 3^2.5^2.11.59.179 \\ 3^2.5^2.17.19.359 \end{cases} \qquad \text{LV} \begin{cases} 3^2.5.17.23.397 \\ 3^2.5.7.21491 \end{cases}$$

$$\text{LVI} \begin{cases} 3^2.7.11^2.19.47.7019 \\ 3^2.7.11^2.19.389.863 \end{cases} \qquad \text{LVII} \begin{cases} 3^2.7.11^2.19.53.6959 \\ 3^2.7.11^2.19.179.2087 \end{cases}$$

$$\text{LVIII} \begin{cases} 3^2.7^2.13.19.47.7019 \\ 3^2.7^2.13.19.389.863 \end{cases} \qquad \text{LIX} \begin{cases} 3^2.7^2.13.19.53.6959 \\ 3^2.7^2.13.19.179.2087 \end{cases}$$

His àdjicere lubet duo paria sequentia, quæ sunt formæ diversæ a præcedentibus:

$$\text{LX} \begin{cases} 2^3.19.41 \\ 2^3.199 \end{cases} \qquad \text{LXI} \begin{cases} 2^4.41.467 \\ 2^4.19.233 \end{cases}$$

オイラーは，この種の膨大な数字を満載したリストを他にも数多く残している．当時計算機はもちろんなく，手計算で数値を求めなければならなかった．おそらく彼は，長い時間を費やしてこれらのリストを作成したのだろう．けれどもオイラーにとって，こういった計算は苦痛ではなかったと伝えられている．オイラーの没後生まれの天文学者・政治家のフランソワ・アラゴ (1786–1853) は次のように述べた．

「オイラーは人が息をするように，鷲が空を舞い
遊ぶように，見た目には何の苦労もなく計算した」

友愛数のリストをじっくり眺めてみよう．自分自身の力だけでこれほど多くの友愛数を見出そうとする者がどれだけいることだろう．ヴェイユの言葉の通り，オイラーこそは 18 世紀の広範な数理科学の分野における指導者であり，その存在は史上唯一とも言えるような存在である．それと同時に，天才的な計算家として，その特異な才能をいかんなく発揮し，数の世界を奥深くまで探検し続けた．彼の飽くなき探究心は，いったいどこから湧き出していたのだろうか．

本書では，その手掛かりを求めるために，彼が残したいくつかの重要な足跡をたどっていく．この天才を追い求める道のりは，決して平坦ではない．彼が産み出した数学の巨大な山を登り歩くだけではなく，彼が苦闘した科学と哲学の未知の森の中にも足を踏み入れることになる．

しかしながら，ゴールにある源流は豊穣で美しく，この探検には計り知れない価値がある．

viii

オイラーの著作年表　オイラーの 800 を超える著作には，Eneström によって番号付けられており，E ◯◯◯ と表記する．

出版年	著述年	番号　内容
1738	1731	E020 逆数の 2 乗和の近似値
1738	1732	E025 オイラー・マクローリン法
1739	1731	E033 新音楽理論の試み
1740	1735	E041 バーゼル問題解決・特殊値
1741	1735	E053 ケーニヒスベルグの橋
1744	1743	E065 変分法
1744	1737	E072 オイラー積
1747	1747	E092 自由思想家に対する抗弁
1748	1745	E101, 102 無限解析入門 1-2 巻
1749	1748	E117 金環日食の観測
1750	1739	E128 三角関数の無限級数展開
1750	1747	E152 友愛数
1751	1751	E187 月の運行
1755	1748	E212 微分計算教程
1758	1750	E230 多面体のオイラー標数
1760	1746	E247 発散級数
1768-70	1760-62	E343, 344, 417 王女への手紙 1-3 巻
1768	1749	E352 美しい関係（附録 A）
1768-70	1763	E342, 366, 385 積分計算教程 1-3 巻

目　次

まえがき　　　　　　　　　　　　　　　　　　　iii

第1部　知識編　　　　　　　　　　　　　　　　1

第1章　巨人オイラー　　　　　　　　　　　　　2
1.1　天才アルゴリスト 3
1.2　『ドイツ王女への手紙』 4
1.3　『無限解析入門』 7
1.4　数学者オイラーと音楽家バッハ 11
1.5　人生の真の目的 13

第2章　超越への助走　－代数関数－　　　　　17
2.1　オイラーの目標 18
2.2　関数 21
2.3　代数関数 22
2.4　ベキ根による方程式の解 24

第3章　最初の飛躍　－指数量と対数量－　　　29
3.1　代数関数から超越関数へ 30
3.2　指数量 32
3.3　対数量 34
3.4　巨大整数 37

第4章　果てしなき世界　－無限級数－　　　　41
4.1　宇宙の極小と極大 42
4.2　無限級数表示 45

第5章　限りなき数学 −数字と文字− 　　55

5.1　学問の基礎 56

5.2　数字 57

5.3　アルファベット 63

5.4　計算の基礎 65

第6章　円への飛躍 −円周率− 　　69

6.1　円の超越量 70

6.2　別種の関数との結びつき 74

6.3　円周率の計算競争 78

6.4　オイラーと円周率 81

第7章　美しき調べ −正弦と余弦− 　　85

7.1　王女と謎 86

7.2　オイラーの公式 87

7.3　3つの関数の調和 89

7.4　協和音と12音階 91

7.5　音楽と謎掛け 95

第8章　偉大なる飛躍 −波− 　　99

8.1　最初の難関 100

8.2　音の正体 101

8.3　光の正体 103

8.4　光の応用 106

第9章　輝く図形 −正接と余接− 　　112

9.1　円周率 π の表示 113

9.2　三角関数の表示 115

9.3　超越方程式 116

9.4　超越数 128

目次　xi

第10章　未知への飛躍 −重力−　133

10.1 重力の発見 134
10.2 重力の法則 137
10.3 重力の応用 139
10.4 重力の正体 141
10.5 根源への挑戦 144

第11章　解析の広がり −ゼータと微分−　149

11.1 最初の証明 150
11.2 無限解析による克服 153
11.3 ゼータの近似値 156
11.4 発散級数 160

第12章　大いなる謎　165

12.1 ゼータ値とフェルマー予想 166
12.2 美しい関係 170
12.3 最大の謎 175

第2部　探究編　180

完全数と友愛数　181

第1章　バッハの謎掛け　186

第2章　対数値　190

第3章　問題の背景　194

第4章　巨大な誤差　200

第5章　アルファベット　　　　　　　　　203

第6章　無限級数　　　　　　　　　　　205

第7章　謎解き　　　　　　　　　　　　210

第8章　オイラーの主張　　　　　　　　213

第9章　超越数の図示　　　　　　　　　217

第10章 数値計算　　　　　　　　　　　218

第11章 数値リスト　　　　　　　　　　220

第12章 非正則素数の図示　　　　　　　225

　あとがき　　　　　　　　　　　　　　231

　附録A 原論文『美しい関係』　　　　　234

　附録B オイラーの太陽系　　　　　　257

　附録C 修正曲　　　　　　　　　　　260

　参考文献　　　　　　　　　　　　　　261

　索引　　　　　　　　　　　　　　　　263

第1部　知識編

INTRODUCTIO
IN ANALYSIN
INFINITORUM.
AUCTORE
LEONHARDO EULERO,

Profeffore Regio BEROLINENSI, *& Academiæ Imperialis Scientiarum* PETROPOLITANÆ
Socio.

TOMUS PRIMUS.

LAUSANNÆ,
Apud MARCUM-MICHAELEM BOUSQUET & Socios.

MDCCXLVIII.

『無限解析入門』

1 巨人オイラー

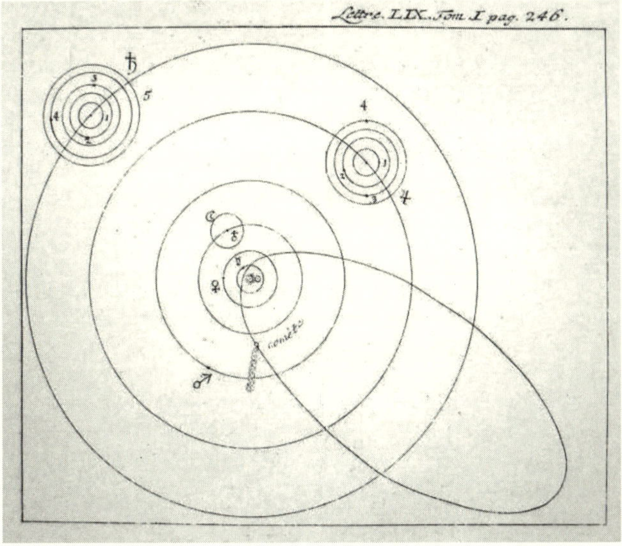

Lettre. LIX. Tom I pag. 246.

『王女への手紙』第 1 巻折込図 1/1

1.1 天才アルゴリスト

1707年4月15日スイス・バーゼルの近郊で，レオンハルト・オイラーは生まれた．父親はキリスト教聖職者（プロテスタント）であり，幼少期はこの父から数学の初歩を学んだ．一方，母からは古典を学び，古代ローマの詩人ウェルギリウス (BC70–BC19) の最大の叙情詩『アエネーイス』中にある9500篇の全てを暗唱できたという．彼は，13歳で大学に進み，父の友人であったヨハン・ベルヌーイから最高の教育を受け，数学者としての道に進んだ．その後，数学はもとより，天文学，物理学，音楽，工学，哲学などの幅広い分野に影響を与え，1783年9月18日に76歳でその生涯を閉じた．この日彼は，生きることと計算することを永遠にやめた[1]．

彼の名が冠されている公式や定理は，数学辞典に掲載されているものだけでも数十にのぼる．そればかりか他の大数学者の名が冠されている結果であっても，その源をたどればオイラーであることがしばしばある．ラプラスをして「オイラーこそ我々全ての師」と言わしめ，ガウスをして「オイラーの著作を勉強することこそ最良の訓練」と言わしめたオイラーとは，一体どんな学者だったのだろうか．

もちろんオイラーの800を超える著作を全て調べあげれば，彼の学問への巨大な寄与は否応なく分かるかもしれない．けれども，1907年に着手され1911年から出版がはじまった彼の著作全集『Leonhardi Euleri Opera Omnia』は，数学30巻，力学・天文学32巻，物理学・雑録12巻を数え，さらに書簡・手稿10巻以上の続刊が予定されており，未だに完成を見ない．しかも，それぞれの巻は300〜700ページという長大な全集であるため，全てを調べつくすというこの方法は，よほどの才能がない限り完遂する可能性が低い．

---

[1] コンドルセによる死者に対する賛美 (1783).

困ったときには，オイラーの行動を見習おう．オイラーはあることを成し遂げるために，常に効率の良いアルゴリズムを見出す天才アルゴリストだった．我々も彼を見習って，上記の目的を達成できるような効率の良い手順を見出そう．

1.2　『ドイツ王女への手紙』

ヒントは，オイラーがとても親切な学者であったことにある．彼は，19 歳のラグランジュが変分法の基礎となる方程式を独立に導いたことを知って，最初の発見の栄誉をラグランジュに与えている．また，数式をほとんど用いない一般向けの科学・哲学の啓蒙書を出版している．この著書はその後多くの言語に翻訳されて，大好評を博した．若くて優秀な科学研究者の才能を尊重し，一般の人々にも科学・哲学の素晴しさを伝えようとした先駆者こそ，オイラーである．

この啓蒙書『ドイツ王女への手紙』[2]は，オイラーが 53〜55 歳の頃に著され，61〜65 歳の頃に出版された．初期の正確な出版年・出版都市は以下の通りである（S はロシアのサンクトペテルブルグ，L はドイツのライプチヒ）．

巻	仏 1	露	独	仏 2
1	1768	1768	1769	1770
2	1768	1772	1769	1770
3	1772	1774	1773	1774
都市	S	S	L	L

すでに多くの仕事を成し遂げていた彼が，一般の人々にそれらの内容を親切に分かりやすく伝えようとした点で見逃せ

---

[2] 正確な題名は『Lettres à une Princesse d'Allemagne sur divers sujets de Physique & de Philosophie （物理学と哲学におけるさまざまな事柄についてのドイツの一公女への手紙）』．フリードリッヒ大王の親類のアンハルト・デサウ王女のために書かれた手紙がもとになったとされる．

ない著書といえよう．ここに記述されている内容を順番に追っていくことによって，彼の興味がいったいどこにあったかを浮き彫りにすることができるのではないだろうか．そして，それらの背後にある彼の数学をあらわにすることができるのではないだろうか．それというのも，この著書の目的が，単なる科学・哲学の紹介だけにはとどまらず，実はその背後にある彼の数学に導くことにあったと考えられるからである．

　まず，その 234 通の手紙のうちから，主だった題目を順番に並べてみよう．多様な話題の中から，オイラーが企てた構成を理解することができるだろうか．

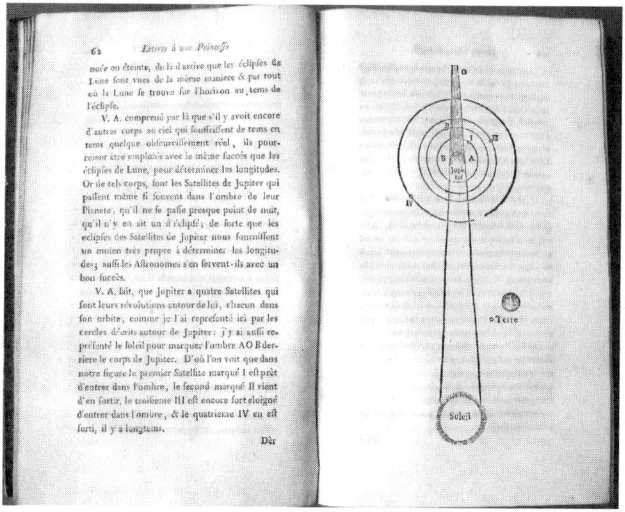

『ドイツ王女への手紙』166 通目
太陽，木星とその衛星，地球と月

6

第 1 巻
広がり，速さ，音，音楽，空気，気圧，空気銃，光，発光，光の伝達，発光体，色，屈折，異なる色の屈折，空色，平面鏡，凹凸鏡，集光鏡，レンズ，焦点，目の不思議，重力，地球の形，月の引力，万有引力，天体間の相互引力，太陽系，引力による小変化，上げ潮と引き潮，万有引力の説明，物体の性質，慣性，変化，モナド，力の性質，他種の力

第 2 巻
精神の性質，魂と肉体，その統合と調和，精神の自由，自然と超自然と人間，最良の世界，悪の起源，宗教，キリスト教の教義，死後の魂の状態，感覚による存在の確信，イデア論，唯心論，唯物論，記憶，概念の抽象化，言語と知識，命題，真と偽，一般と特殊，論理解析，感覚の魂への影響，悪の起源と許し，不幸の必要性，真の幸福，真の知識，物体の本質，広がりの概念，無限分割，モナド論，音と色の類似，声の不思議，電気の主要現象，鉄棒とガラス球，ライデンの実験，雷の性質

第 3 巻
経度，赤道，地軸，緯度，季節，子午線，経度の5種類の計算法，月食，木星の衛星の食，月の運動，船乗りのコンパス，磁針，磁力，鉄と鋼の性質，天然磁石，人工磁石，屈折学，レンズ表面の曲面，暗箱，幻灯機，凹凸レンズの効果，望遠鏡と顕微鏡，ポケットグラス，天体望遠鏡，複合対象レンズ，レンズの調整，月・惑星・太陽・恒星の像，恒星までの距離，月と太陽の見かけの大きさ，天の空色，透明な大気の空，屈折の影響

まず，この3巻からなる著書の全体の大まかな構成が，自然科学－哲学および宗教－自然科学の3部立てになっていることが分かる．もう少し詳しく各巻の内容をまとめてみよう．まず第1巻では，広がりにはじまり，音，光を経て万有引力，さらに物質の性質を述べている．第2巻では，精神および魂からはじまり，中間に論理学をはさんで，人生の真の目的を語り，再び物質・音・光を取り上げたのちに電気の現象を述べている．第3巻では，地球上における位置の測定，磁力，望遠鏡による天体の観測や現象を述べている．

本書では，これら多くの自然科学に関する記述の背後に，彼が基礎付けた豊かな数学があること，さらにその数学の源流が彼の数学著書の処女作とも言える『無限解析入門』[3]（1748年出版）に求められることを確かめていく．

1.3 『無限解析入門』

オイラーはこの重要な著書の中で，関数の概念および種々の関数，さらにそれらを用いた解析方法を示した．この著書を書き上げたのは，彼の人生において中間点にあたる38歳の頃だった．この著書の中に現れる具体的な関数や数式を順に見てみよう．

関数

変化量と定量により構成された解析的表示式

代数関数

代数的演算のみを用いて組み立てられる関数

---

[3] 『無限解析入門』は，高瀬正仁氏によって『オイラーの無限解析』と『オイラーの解析幾何』の2冊に邦訳されている．オイラーと直接対話ができる素晴らしい教本であり，手元に常備しておくことを強くお薦めしたい．

8

$$(例 : Z^5 = az^2 Z^3 - bz^4 Z^2 + cz^3 Z - 1)$$

超越関数

その内部に超越的演算が見られる関数

無限級数による表示

$$\frac{a}{\alpha + \beta z} = A + Bz + Cz^2 + Dz^3 + Ez^4 + \cdots$$

指数関数

$$e^z = 1 + \frac{z}{1} + \frac{z^2}{1 \cdot 2} + \frac{z^3}{1 \cdot 2 \cdot 3} + \frac{z^4}{1 \cdot 2 \cdot 3 \cdot 4} + \cdots$$

対数関数

$$\log(1 + x) = x - \frac{x^2}{2} + \frac{x^3}{3} - \frac{x^4}{4} + \frac{x^5}{5} - \frac{x^6}{6} + \cdots$$

正弦関数

$$\sin v = v - \frac{v^3}{1 \cdot 2 \cdot 3} + \frac{v^5}{1 \cdot 2 \cdot 3 \cdot 4 \cdot 5} - \frac{v^7}{1 \cdot 2 \cdot 3 \cdot 4 \cdot 5 \cdot 6 \cdot 7} + \cdots$$

余弦関数

$$\cos v = 1 - \frac{v^2}{1 \cdot 2} + \frac{v^4}{1 \cdot 2 \cdot 3 \cdot 4} - \frac{v^6}{1 \cdot 2 \cdot 3 \cdot 4 \cdot 5 \cdot 6} + \cdots$$

正接関数

$$\tan v = \frac{\sin v}{\cos v}$$

$$= \frac{v - \frac{v^3}{1 \cdot 2 \cdot 3} + \frac{v^5}{1 \cdot 2 \cdot 3 \cdot 4 \cdot 5} - \frac{v^7}{1 \cdot 2 \cdot 3 \cdot 4 \cdot 5 \cdot 6 \cdot 7} + \cdots}{1 - \frac{v^2}{1 \cdot 2} + \frac{v^4}{1 \cdot 2 \cdot 3 \cdot 4} - \frac{v^6}{1 \cdot 2 \cdot 3 \cdot 4 \cdot 5 \cdot 6} + \cdots}$$

余接関数

$$\cot v = \frac{\cos v}{\sin v}$$

$$= \frac{1 - \frac{v^2}{1 \cdot 2} + \frac{v^4}{1 \cdot 2 \cdot 3 \cdot 4} - \frac{v^6}{1 \cdot 2 \cdot 3 \cdot 4 \cdot 5 \cdot 6} + \cdots}{v - \frac{v^3}{1 \cdot 2 \cdot 3} + \frac{v^5}{1 \cdot 2 \cdot 3 \cdot 4 \cdot 5} - \frac{v^7}{1 \cdot 2 \cdot 3 \cdot 4 \cdot 5 \cdot 6 \cdot 7} + \cdots}$$

ゼータ関数
$$M = 1 + \frac{1}{2^n} + \frac{1}{3^n} + \frac{1}{4^n} + \cdots$$

真分数関数，回帰級数
$$\frac{a + bz + cz^2 + dz^3 + \cdots}{1 - \alpha z - \beta z^2 - \gamma z^3 - \delta z^4 - \cdots}$$
$$= A + Bz + Cz^2 + Dz^3 + Ez^4 + Fz^5 + \cdots$$

連分数
$$a + \cfrac{\alpha}{b + \cfrac{\beta}{c + \cfrac{\gamma}{d + \cfrac{\delta}{e + \cdots}}}}$$

　現代科学において，関数の定義から余接関数までの内容は必須とも言うべき内容だろう．本書の前半では，まずこれらの関数の表現やそれらを用いた解析方法，さらには自然科学とのいくつかの関連について述べる．この前半における重要なポイントは，次の有名なオイラーの公式の説明になるだろう．

$$e^{ix} = \cos x + i \sin x.$$

特に $x = \pi$ とすれば，右辺は $-1 + i \cdot 0$ となって，

$$e^{i\pi} + 1 = 0$$

が得られる．なお，上式における重要な定数の記号や近似値

は，以下のように与えられている．

$$e = \ 2.71828182845904523536028\cdots$$
（自然対数の底）

$$i = \ \sqrt{-1} \quad （虚数単位）$$

$$\pi = \ 3.14159265358979323846264338327950288419716939937510582097494459230781640628620899862803482534211706798214808651328230664709384\cdots \quad （円周率）$$

オイラーの公式は，通常科学者が認識している以上に，オイラーにとって大切な式であり，数学の発展において重要な役割を果たしたことを述べたい．

　他方，ゼータ関数以降の内容は，数論を良く知る研究者でなければ，その重要性を認識することは難しいかもしれない．そこで本書では，特にゼータ関数について，次の二つの面から解説を試みたい．オイラー自身のこの関数に対する情熱と，それによってもたらされた解析学への寄与である．その中で，ゼータ関数の計算方法，特殊値，オイラー積表示，そしてオイラーがのちの論文の題名に「美しい」と書き記した関数等式

$$\frac{1 - 2^{n-1} + 3^{n-1} - 4^{n-1} + 5^{n-1} - 6^{n-1} + \&c.}{1 - 2^{-n} + 3^{-n} - 4^{-n} + 5^{-n} - 6^{-n} + \&c.}$$
$$= -\frac{1.2.3....(n-1)(2^n - 1)}{(2^{n-1} - 1)\pi^n} \cos\frac{n\pi}{2}$$

が登場し，リーマンによる証明が述べられる．前半の内容がその証明にいかに密接に関わっているのかを確かめてほしい．

　当時，上記のような無限を扱う数学は，一般の人々はもちろん大半の学者にとって高度な内容であり，いわゆる高等数学に属していた．オイラーがフリードリッヒ大王にあてた「崇高なる高等数学」の文章をここに引用しよう．

「初等数学に対し認められている有用性は，高等数学においてなくなるものではなく，むしろ逆に，この学問の中で程度があがるほど増大する．そして数学は，極めて一般的な実践的応用が要請する段階まで，まだ発達していないということである[4]」

今なおこの言葉は，現実的な問題に対し数値実験や数値解析によって解決を図ろうとする現代の研究者にとって，納得できる言葉ではないだろうか．

1.4 数学者オイラーと音楽家バッハ

古代から音楽は数学と共にあった．『王女への手紙』においても，音や音楽は広がりや速さに登場している．多様な分野に興味を持って研究を進めるオイラー数学を音楽用語で一言で述べるならば，ポリフォニー（多旋律音楽）という言葉がふさわしいのではないだろうか．ポリフォニーとは複数の声部が異なる旋律を奏でながら協和しあって進行する音楽であり，モノフォニー（単旋律音楽）とはひとつの旋律に対し和声的伴奏が伴うような音楽である．我々が現在接する音楽の大半は，モノフォニーである．なお，音楽史上では，モノフォニー → ポリフォニー → モノフォニーといった発展順序をたどったとされている．オイラーは，数学という主題がさまざまな分野で同時に美しく奏でられていることを喜んでいた様子がうかがえる．

ポリフォニーの集大成といえる大量かつ極上の作品を生み出したのが，オイラーの 22 歳年上になる音楽の巨匠 "大バッハ" ことヨハン・セバスチャン・バッハ (1685-1750) だった．オイラー，バッハの両者とも膨大な作品群を残し，後代の数学

---

[4] フェルマン『オイラー その業績と生涯』p.105 参照.

者・音楽家に多大なる影響を及ぼした巨匠中の巨匠であり，し
かも敬虔なキリスト教徒だった．

　残念ながら，この二人の直接のやりとりを示すような史料
は知られていないようである．けれども二人は，フリードリッ
ヒ大王を通じて接近していた．当時オイラーは，ベルリン・ア
カデミー開設および運営のために大王が統治するプロイセン
に招聘されていた．またバッハの息子のエマニュエルは，宮
廷聖歌隊指揮者として同じ場所にいた．大王の強い要望もあっ
て，1747年5月に大バッハは大王の宮廷を訪れている．そこ
で62歳のバッハは，大王が示した主題を3声のフーガにして
見事に即興演奏したという．

　さらにバッハは，その主題をさまざまな形式に展開した作品
集である『音楽の捧げもの』をわずか2ヶ月後の1747年7月
7日に大王に献呈した．この中には，1曲の3声のフーガと7
曲のカノンが含まれている[5]．そして，それらの楽曲の前に入
る題字には，"Regis Iussu Cantio Et Reliqua Canonica Arte
Resoluta"（大王の命により，主題その他がカノン技法にて解
決）とあり，題字のイニシャルを並べると"RICERCAR"（イ
タリア語で「探究する」）というフーガの古い呼び方となって
いる．その言葉通り，この作品集には「探究する」べきものが
多い．例えば，6曲のカノンはパズルになっており，そのパズ
ルを解くことによってようやく完全な楽譜になる[6]．バッハは，
このようにして大王に主題の返礼をしたのだった．

　私がここでバッハについてしばし述べた理由は，オイラー
が生きた時代の雰囲気を，少しでも知ってもらいたいためで
ある．啓蒙君主フリードリッヒ大王の下で，オイラーは『無

---

　[5] 6声のフーガやトリオ・ソナタを含む第2部は，あとになって届けられ
たと考えられている．
　[6] J.S. バッハ『音楽の捧げ物』，ホッフスタッター『ゲーデル，エッシャー，
バッハ』などを参照．

第1章 巨人オイラー　13

限解析入門』を書き上げた．そして，この著書はバッハが宮廷を訪問した翌年に出版されたのである．古代から共にあった数学と音楽の両分野における最大級の巨匠が，この時代に接近していた．なんと素晴らしい偶然だろう．少なくともオイラーは，バッハが大王に捧げた「音楽による謎かけ」について，人づてに聞いていたことだろう．音楽に強い関心を持っていたオイラーは，この大巨匠の心憎いばかりの演出に何を思ったのだろうか．

1.5　人生の真の目的

オイラーにとって，哲学や宗教が極めて重要であったことは，『王女への手紙』の内容からよく分かる．実際彼は，哲学および宗教を著書の全体構成の中心に置いている．また彼は，毎晩家族を集めて聖書の各章を説教と共に読み，さらにはベルリンのフランス新教派信徒団の幹部会の中で指導的役割を果たすほどの敬虔な信徒であった．

現在この日本を含む広い地域において，科学的な事実を記述する際に，宗教的な事柄と対応させたり宗教的に意味づけをしたりすることは，基本的にタブーとされている[7]．それは，各時代および各地域に必ず存在する歴史的な影響によるものであり，いかなる個人もその影響から免れることはできない．オイラーにあっても，哲学者との議論をはじめとするいくつかの記述から推測すると，彼の信仰に対して強い外圧を受けていたことは疑い得ない．

その一方で，オイラーが自然科学から多大なる影響を受けているのと同様に，哲学および宗教からも本質的な影響を受

---

[7] 例えば，古代から完全数 6 は創世記における 1 週間の日数（1（聖別された日曜）＋6（月～土曜）＝7 日）と関係付けられた．また，完全数 28 も 1 ヶ月の日数（月の公転周期）と関係付けられた．

けていることは,『王女への手紙』の内容から明白である.ただそこで,我々はどのようにすれば,これらがオイラーに与えた影響を正しく認識することができるのだろうか.例えば,外圧によりオイラーが書きたくても書くことができなかったことを,どうすれば読み取れるのだろうか.

一般的に,この種の推測はしばしば恣意的になりがちであり,常に難しい問題を含んでいる.しかしながら,一人の人間を理解しようとする上では無視することはできない.

オイラーは,人生における真の目的を『王女への手紙』の113通目で語っている.ある人には重大な意義を持つ言葉として受け取られ,ある人にはそらぞらしく響く言葉かもしれない.それでもなお,いやそうであるがゆえに,ここにその言葉を記す価値があると思う.

> 「真の至福は,神との完全なる合一 (une union parfaite avec Dieu) にある.… そのためになくてはならない愛には,魂のある傾向性が要求される.… その傾向性の基礎は,次の二つの偉大なる教訓の中に含まれている.
> "心を尽くし,思いを尽くし,知力を尽くして,主たる汝の神を愛すべし"
> "己を愛するが如く,汝の隣人を愛すべし"」

METHODUS

INVENIENDI CURVAS

MAXIMI MINIMIVE PROPRIETATE GAUDENTES.

CAPUT PRIMUM.

De Methodo maximorum & minimorum ad lineas curvas inveniendas applicata in genere.

DEFINITIO I.

1. METHODUS *maximorum & minimorum ad lineas curvas applicata*, est methodus inveniendi lineas curvas, quæ maximi minimive proprietate quapiam proposita gaudeant.

COROLLARIUM I.

2. Reperiuntur igitur per hanc methodum lineæ curvæ, in quibus proposita quæpiam quantitas maximum vel minimum obtineat valorem.

Euler *De Max. & Min.*   A   Co-

変分法に関するオイラーの著作 E065 の冒頭

── オイラー周辺の人々 1 ──

ジョゼフ゠ルイ・ラグランジュ（1736 – 1813）

イタリアのトリノで生まれ，フランスで活躍した数学者・天文学者．彼の『解析力学』はラプラスの『天体力学』と共に 18 世紀末の古典的名著である．解析力学の研究では，変分法の基本となるオイラー・ラグランジュ方程式を純粋に解析的に導き，オイラーから称賛される．さらに，数論においても二次形式論に関する研究などを発展させ，ここでもオイラーの称賛を浴びる．

2　超越への助走 －代数関数－

－関数は代数関数と超越関数に分かれる－

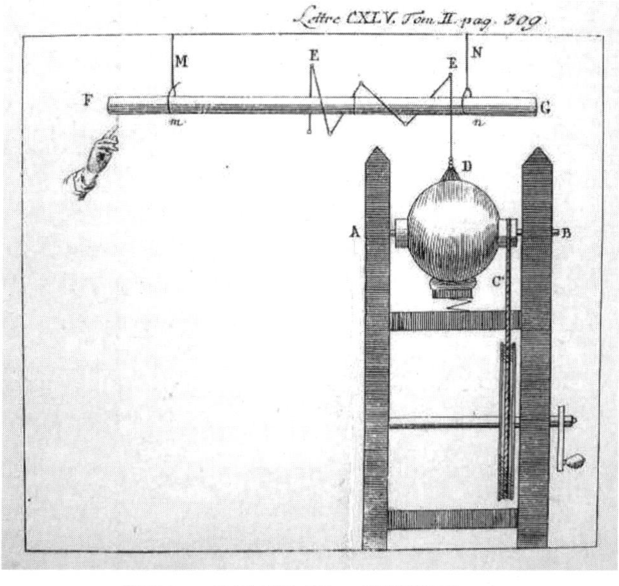

Lettre CXLV. Tom. II. pag. 309.

『王女への手紙』第 2 巻折込図 1/3

2.1 オイラーの目標

『無限解析入門』—この魅力的な題名が冠された著書を深く読み解くための重要な鍵は，その緒言にある．そこには，オイラーが生涯目指した巨大な目標までも記されている．全ての文章を引用したくなるほどの見事な緒言であるが，ここではこの著書の要旨を述べた箇所を引用しよう．

> 「数学を愛する人が無限解析を学ぶ際に直面せざるをえないさまざまな困難のうち，おおかたの部分は，通常のレベルの代数をほとんど習得しないうちに，あのはるかにレベルの高い技術に向かおうとする姿勢に起因する．… 私は通常のレベルの代数の諸規則に基づいて，普通なら無限解析で取り扱われることになっている多くの問題を解決した．これは，二通りの方法の最高の調和がいっそう容易に，交互に明るみに出されるようにするための処置である」

すなわち，『無限解析入門』における第一の目標とは，

＜代数と無限解析の調和＞

である．さらに緒言からの引用を続けよう．

> 「第 1 巻には純粋解析に所属する事柄をまとめた．第 2 巻では幾何の領域で知っておくべき事柄を解説した．というのは，無限解析を叙述する際には，幾何への応用が同時に明示されるような仕方で語る習わしになっているからである」

すなわち，『無限解析入門』における第二の目標とは，

＜無限解析の幾何への応用＞

第2章 超越への助走　19

である．こうしてこの著書には，代数，解析，幾何という数学の主要な3本柱が全て登場することになる．この緒言は，18世紀以降の数学の巨大な流れを予感させる．

なおこの著書では，ニュートンやライプニッツが展開していた無限小あるいは微分計算が用いられていないことに注目したい．オイラーはこのことに関して，以下のような弁明をしている．

「（初等関数に関連して）この種の量を対象にして多種多様な表示式を手に入れた … それゆえ，これらの量の性質を究明するのに，無限小計算はもう不要である」

「（曲線の性質の探索に関連して）これらは今日ではたいてい微分計算の力を借りて遂行されるが，それにもかかわらず私はここでは通常のレベルの代数のみに依拠してこれを遂行した． … ただし私は，微分計算の手を借りるならばこれらの問題ははるかに容易に解明されうることを否定するものではない」

「（ある無限級数による表示に関連して）ともあれ，ここではこの進行規則を先天的に証明することはできない．というのは，これは微分計算の諸原理によりようやく適切に遂行される事柄なのである．それまでの間はいろいろな種々の例に適用して，正しいことを確認していけば十分である」

以上のことから，オイラーが無限小や微分計算を軽視したのではないということが分かる．まずは無限解析に慣れ親し

んでもらい，その後に背景にある大切な微分計算を初歩から学んでほしいという意向がうかがえる．実際，『無限解析入門』の出版の 7 年後には『微分計算教程』が出版され，さらにその 15 年後には『積分計算教程』の最終巻が出版されて，オイラーの解析三部作は完成する．

解析三部作	巻数	著述	出版
無限解析入門	2	1745	1748
微分計算教程	1	1748	1755
積分計算教程	3	1763	1768〜1770

独創的なアイデアを与えた原著には，途方もなく重要な価値がある．もちろん後世それらの内容が整理され，より分かりやすい言葉で表現された著作が普及することによって，原著自体は振り返られなくなることがしばしばある．すでに明らかになった目的地に到達するだけならば，舗装された道を通ってその場所を訪れることも悪くはないだろう．

だが，原著にはその独創的なアイデアを最初に発見した迫力と情熱がこめられていることを忘れてはならないだろう．なぜそのような独創的なアイデアに到達したのか，どのような落とし穴があったのか，あるいはそのアイデアに到達するまでにいかなる景色が見えたのか．その一歩一歩が，暗示的な形にせよ，原著には記されている．もし読者がその独創を産み出した原理を原著から読み取るならば，新たな独創を産み出す力をきっと身に付けることになるだろう．

この『無限解析入門』こそは，まさしく大いなる独創を産み出したオイラーの原著中の原著である．ここではっきりと述べておきたい．一字一句，一数字一数式たりともおろそかにできない驚嘆すべき原著がここにある，と．

2.2 関数

オイラーはまず定量 (quantitas constans) と変化量 (quantitas variabilis) について説明する．習慣として，アルファベットの最初の方 $a, b, c, \cdots$ は定量に利用され，アルファベットの最後の方 $z, y, x, \cdots$ は変化量として利用されていることが述べられる．

注目すべきなのは，この変化量のとりうる値についてである．オイラーは以下のように記している．

> 「変化量とは，あらゆる数，正の数，負の数，整数，分数，有理数，無理数，超越数を含み，そればかりか 0 と虚数さえも，変化量という言葉の範囲は除外されていない」

こうして彼は，関数を以下のように定義する．

> 「ある変化量の関数とは，その変化量といくつかの定量を用いて組み立てられた解析的表示式である」

その関数の例として，次のような関数を挙げている．

$$a + 3z, \; az - 4z^2, \; az + b\sqrt{a^2 - z^2}, \; c^z.$$

これらは，変化量 z の 1 次関数，2 次関数，代数関数，超越関数という順番で並べられており，この後の展開をほのめかしている．以上により，オイラーがこの著書で主に考察しようとする関数が

一変数複素解析関数

だということが推察される[1]．

---

[1] 『無限解析入門』の第 5 章において，2 変数以上の関数の基本的な事柄がまとめられている．

もちろんオイラーが記した「解析的表示式」というのは，現代の数学者から見るとあいまいな表現かもしれない．しかし，このあいまいさを解消するためには解析関数の一般理論を構築する必要がある．

ところが，たとえそのような理論を百年後のワイエルシュトラスのように提示したとしても，この時代にその重要性を認識できるような数学者がいなければ出版は困難だったことだろう．その重要性が認識されるためには，まずはいくつかの関数の無限級数による表現が有効であることを，応用をまじえて具体的に示さなければならなかった．

2.3 代数関数

オイラーは，以下の引用から分かるように，ほぼ現代的な意味で「代数関数」を定義している[2]．

> 「代数的演算とは，加法と減法，乗法と除法，それにベキを作ることと根号を開くことを指すが，これに加えて方程式を解くことも考えに入れておかなければならない．
>
> … 先ほど想起された代数的演算を用いて作られる表示式，例えば
>
> $$\frac{a + bz^n - c\sqrt{2z - z^2}}{a^2z - 3bz^3}$$
>
> のような表示式はことごとくみな代数関数である．代数関数はしばしば具体的な形に表示されないことがある．例えば，
>
> $$Z^5 = az^2Z^3 - bz^4Z^2 + cz^3Z - 1$$

---

[2] 第 1 巻では $z^{\sqrt{2}}$ や z^π などを代数関数に含めているが，第 2 巻では超越的であると述べている．

という方程式を通じて規定される z の関数 Z のように」

「P, Q, R および S は z の一価関数を表すとして $\cdots$ 今, Z は方程式

$$Z^n - PZ^{n-1} + QZ^{n-2} - RZ^{n-3} + SZ^{n-4} - \cdots = 0$$

によって定められるとしよう. このとき, Z は, z の各々の値に対応して n 個の値を与える多価関数である」

最後の部分では, 以下の定理が用いられている.

代数学の基本定理

n 次の（複素数係数）代数方程式は, 重複度をこめて n 個の複素数解が存在する.

　この定理の主張自体は 17 世紀前半からあったとされ, 19 世紀前後にガウスが厳密な意味で最初の証明を与えたとされている.
　これは認識の問題であるが, オイラーにとって重要だったのは, 解の存在の厳密な証明よりも, むしろ具体的な解を数値的に厳密に求めることであったようである. 実際,『無限解析入門』の第 17 章では, ダニエル・ベルヌーイによる回帰級数を用いた代数方程式の数値解法について, オイラーが詳しく説明している.

2.4 ベキ根による方程式の解

さらに,『無限解析入門』からの引用を続けよう.

「非有理関数は適宜, 明示関数[3]と暗示関数[4]に区別される. 明示関数とは, ベキ根記号を用いて書き表される非有理関数のことである. 他方, 暗示関数というのは, 方程式を解くことを通じて生じる非有理関数のことである. 例えば, Z は方程式

$$Z^7 = azZ^2 - bz^5$$

によって規定されるとすると, この Z は非有理暗示関数である. なぜなら, ベキ根記号を許しても, Z に対して具体的な形に表示された値を与えることはできないからである」

1次から4次の方程式に関しては, 以下のようなベキ根による解の公式が16世紀後半までに与えられていた.

I 一次方程式 $ax + b = 0$ について, 置き換え

$$x = -\frac{b}{a} + y$$

から得られる方程式 $y = 0$ には,

$$y = 0$$

という1つの解がある.

---

[3] ここでの造語. 原文では, Explicitas.
[4] 原文では, Implicitas.

II 二次方程式 $ax^2 + bx + c = 0$ について，置き換え

$$x = -\frac{b}{2a} + y$$

から得られる方程式 $y^2 - p = 0$ には，

$$y = \pm\sqrt{p}$$

という 2 つの解がある．

III 三次方程式 $ax^3 + bx^2 + cx + d = 0$ について，置き換え

$$x = -\frac{b}{3a} + y$$

から得られる方程式 $y^3 + 3py + q = 0$ には，

$$y = \begin{cases} \sqrt[3]{z_1} + \sqrt[3]{z_2} \\ \omega\sqrt[3]{z_1} + \omega^2\sqrt[3]{z_2} \\ \omega^2\sqrt[3]{z_1} + \omega\sqrt[3]{z_2} \end{cases}$$

の 3 つの解がある．ただし，ω は 1 の原始 3 乗根，z_1, z_2 は方程式

$$z^2 + qz - p^3 = 0$$

の 2 つの解とする．(カルダノの公式)

IV 四次方程式 $ax^4 + bx^3 + cx^2 + dx + e = 0$ について，置き換え

$$x = -\frac{b}{4a} + y$$

から得られる方程式 $y^4 + py^2 + qy + r = 0$ には，2 つの 2 次方程式

$$\begin{cases} y^2 + \sqrt{z_1}\,y + \dfrac{z_1^2 + pz_1 - q\sqrt{z_1}}{2z_1} = 0 \\ y^2 - \sqrt{z_1}\,y + \dfrac{z_1^2 + pz_1 + q\sqrt{z_1}}{2z_1} = 0 \end{cases}$$

から得られる 4 つの解がある．ただし，z_1 は方程式

$$z^3 + 2pz^2 + (p^2 - 4r)z - q^2 = 0$$

の 3 つの解のうちの 1 つとする．（フェラーリの公式）

しかし，5 次以上の一般代数方程式に関しては，ベキ根 $\sqrt[n]{*}$ を用いて明示される同様な公式がないことが 19 世紀初めに証明された．

--- アーベルの定理 ---

5 次以上の一般代数方程式のベキ根による解の公式は存在しない．

現代の数学者の目で見れば，オイラーが提示した 5 次および 7 次の方程式がベキ根で解けないことは，以下のような事実[5]から説明できる．

--- ベキ根による可解条件 ---

K を実数体の部分体とする．K 内の既約な奇素数 p 次の多項式 $f(Z)$ に対して，$f(Z) = 0$ がベキ根で解けるとき，その実根の個数は 1 個または p 個である．

オイラーが例示した方程式の次数の 5 や 7 は奇素数であることに注意する．また，実係数の代数方程式の実数解と虚数解の個数に関する命題は『無限解析入門』の直後の章でまとめられている．ここで

$$y = f(Z) = Z^7 - azZ^2 + bz^5$$

という式の特殊性に注目する．すなわち，a, b, z を実数定数，Z を実数変数と考えれば，$y' = f'(Z) = Z(7Z^5 - 2az)$ だか

---
[5] アルティン『ガロア理論入門』第 3 章第 3 節を参照．

ら，$y = f(Z)$ はどんな $a(\neq 0)$ に対しても極値が必ず 2 つ存在する．したがって，c を調整して極大値を正，極小値を負とすれば，$f(Z) = 0$ の実数解は 3 個となる．

さらに $f(Z)$ が既約とすれば，実根の個数は $3 \neq 1, 7$ となって定理の後半が満たされないため，ベキ根では解けなくなる．

例えば，K を有理数体，$a = 7/2, b = z = 1$ とすれば，$f(Z)$ は K 内で既約であり，$Z = 0$ で極大値 $1 > 0$，$Z = 1$ で極小値 $-3/2 < 0$ をとるので，特殊化してもベキ根では解けない実例が与えられる．

この例のように，オイラーの著作を読むと，挑戦すべき未解決の問題が後世の数学者に残されていたことに気付く．オイラーの著作には，いまなお本物の宝物が眠っているのかもしれない．

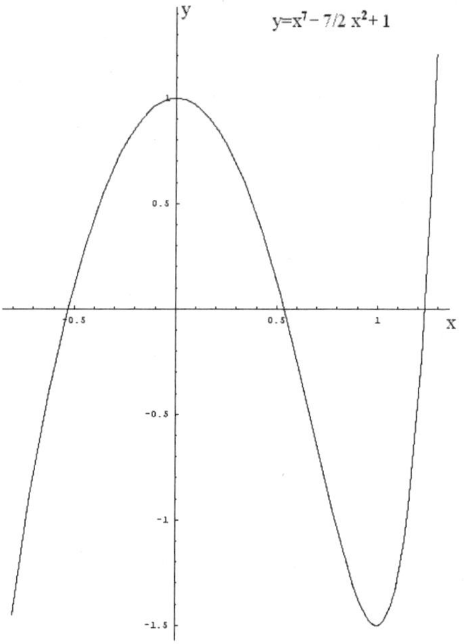

$y = x^7 - 7/2\, x^2 + 1$

オイラー周辺の人々 2

ゴットフリート・ヴィルヘルム・ライプニッツ
(1646– 1716)

ドイツ・ライプチヒ生まれの哲学者・数学者・政治家・外交官. 法典改革, モナド論, 微積分法, 微積分記号の考案, 論理計算の創始, 後のベルリン・アカデミーの基礎となる王立プロイセン科学協会の創設などの多様な業績があり, 史上最大級の知的巨人である. 全ての現象は神によりあらかじめ定められているという予定調和説の提唱者としても知られる. オイラーは, この説を受け入れることは到底出来なかった.

3　最初の飛躍 －指数量と対数量－

－負のときは，はるかに大きな飛躍が出現する－

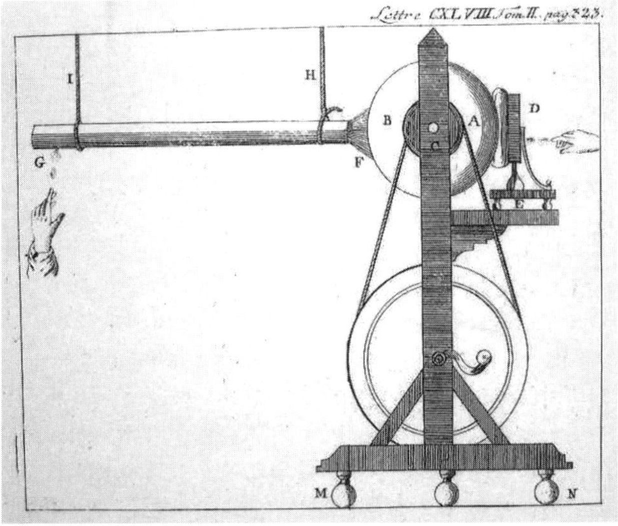

『王女への手紙』第 2 巻折込図 2/3

3.1 代数関数から超越関数へ

前章で述べたように，オイラーは代数関数の定義を

「代数関数とは，代数的演算のみを用いて組み立
てられる関数のことである」

としている．この定義に対応させて，

「超越関数とは，その内部に超越的演算が見られ
る関数のことである」

としている．ただし，超越的演算については，

「たとえば指数，対数，それに積分計算が供給し
てくれる他の無数の演算のように，多くの超越的
演算が存在する」

というあいまいな記述しかない．これでは正確な定義にならないのは明らかである．実は，代数関数と超越関数の定義の直前に「関数は代数関数と超越関数に分かれる」と述べられている．そのため，代数関数でない関数（すなわち超越関数）の内部にある代数的ではない演算こそが，超越的演算を意味することになる．具体的な超越的演算の例として，指数，対数，積分計算を取り上げたということになるのだろう．

現在の簡潔な記述と比べると，ずいぶんとまわりくどい記述に思える．けれども，関数という概念に不慣れな読者にとっては，いくつかの具体的な演算を思い浮かべないと，抽象的な関数の分類は受け入れにくいとも考えられる．こういった記述方法については，著者の意図や読者のレベルなどを考慮に入れた上で，批判がなされるべきだろう．

第3章　最初の飛躍　31

　それでは，代数関数から超越関数を具体的に導入する手順
を見てみよう．『無限解析入門』の第6章の冒頭に，オイラー
は以下のように書き記している．

　　　「超越関数の概念は積分計算の場においてようやく
　　　考察がなされるようになる性質のものである …」

例えば，代数関数 $(1/z)$ を超越関数 $(\log z)$ に接続するために
は，以下のような積分計算が近道である．

$$\int_1^z \frac{1}{z} dz = \log z.$$

ところが『無限解析入門』では，無限小計算－微分計算およ
び積分計算は用いられていない．これは，解析3部作の第1
部という構成上守られるべき重要な制約であったのだろう．
　では，オイラーは実際にどのように超越関数を導入したの
だろうか．オイラーはこう述べている．

　　　「いくつかの手近な，しかもより多くの研究に道を
　　　開いてくれる関数について述べておくのがよいと
　　　思う．まず初めに，そのベキ指数がそれ自体変化
　　　量であるような指数量を考察しなければならない」

すなわち，定量 a，　変化量 z のベキ乗関数

$$z^a$$

は，オイラーの定義によると代数関数[1]であるが，この定量 a
と変化量 z を入れ替えると，

$$a^z$$

----

　[1] a が無理数であるときは，代数関数というより内越的 (interscedentes)
関数と呼ばれることも記されている．

という指数関数に一気に飛躍する．a が 1 ではない正の数とすると，最初の文字 a と最後の文字 z を入れ替えるだけで，これほど簡単に代数関数から超越関数が得られるわけである．なんと見事な「逆転」の発想だろう！

3.2　指数量

　オイラーは，以下のように丁寧に指数量を説明している．まず，定量 a のベキ指数 z について順序立てて説明する．
　z に正の整数を次々と代入していけば，

$$a^1,\ a^2,\ a^3,\ a^4,\ a^5,\ a^6, \cdots$$

z に負の整数をあてはめれば，

$$\frac{1}{a},\ \frac{1}{a^2},\ \frac{1}{a^3},\ \frac{1}{a^4},\ \cdots$$

もし，$z = 0$ なら，常に

$$a^0 = 1$$

が得られ，z に $\dfrac{1}{2},\ \dfrac{1}{3},\ \dfrac{2}{3},\ \dfrac{1}{4},\ \dfrac{3}{4}$ という分数をあてはめれば，

$$\sqrt{a},\ \sqrt[3]{a},\ \sqrt[3]{a^2},\ \sqrt[4]{a},\ \sqrt[4]{a^3}$$

となる．ここで，ベキ根について注意しなければならないことを，オイラーはしっかり述べている．

　　　「これらをそれ自体として考察すると，これらの
　　各々から 2 個もしくはそれ以上の個数の値が与え
　　られる．というのは，根号を開くと常に，いくつも
　　の値が生じるものだからである．しかしこのよう
　　な場合には，主値，すなわち実であってしかも正
　　である値のみを受けいれるのが習慣になっている」

第3章　最初の飛躍　33

根号を開く場合には，本来の「多価性」と習慣による「一価性」の両者があることを，常に注意する必要がある．例えば a^z をあたかも z の一価関数と考えると，$a^{5/2}$ は本来 $-a^2\sqrt{a}$ あるいは $+a^2\sqrt{a}$ と等しいけれども，習慣では後者のみを考察することになる．また，非有理数に対しては多価性を思い描くのは困難なので，実数値のみを考えることにして，例えば $a^{\sqrt{7}}$ は a^2 と a^3 の間に挟まれる定値として理解されると，オイラーは注意している．

　さらにオイラーは，定量 a の範囲を広げた場合に見られる現象を以下のように説明している．

- $a = 1$ のときは，常に $a^z = 1$ となる．

- $a > 1$ のときは，a^z は単調に増加する関数であり，$z = \infty$ で無限大の大きさに増大し，$z = -\infty$ では $a^z = 0$ となるが，ここに至るまで z とともに減少していく．

- $0 < a < 1$ のときは，$b = 1/a$ とおくと $b > 1$，$a^z = b^{-z}$ となるので，$a > 1$ の場合に帰着される．

- $a = 0$ のときは，巨大な飛躍 (ingens saltus) が見られる．z が正の数のときは $a^z = 0$ であり，$z = 0$ のときは $a^0 = 1$ であり[2]，z が負の数のときには a^z は無限大になる．

- $a < 0$ のときは，はるかに大きな飛躍 (multo majores autem saltus) が出現する．$a = -2$ としよう．z が整数であれば，

$$a^{-4},\ a^{-3},\ a^{-2},\ a^{-1},\ a^0,\ a^1,\ a^2,\ a^3,\ a^4$$
$$+\frac{1}{16},\ -\frac{1}{8},\ \frac{1}{4},\ -\frac{1}{2},\ 1,\ -2,\ 4,\ -8,\ +16$$

---

[2] $\lim_{z \to +0} z^z = \lim_{a \to +0} a^0 = 1$ だが，$\lim_{z \to +0} 0^z = 0$ である．

となる．しかし，z が分数になると $(-2)^{1/2} = \sqrt{-2}$ は虚数値となり，$(-2)^{1/3} = \sqrt[3]{-2} = -2$ は実数値になる．そして，z が無理数の時には，実数値を与えるか，虚数値を与えるのかを明確に定めるのは全く不可能である．

以上のように，オイラーはさまざまな「指数量」について考察している．この部分は，オイラーが「指数量－指数関数」を拡張しつつある過程を目の当たりにすることができる点で，非常に興味深い．オイラーが独創を産み出した源泉は，まさにこういった遊び心にあると言えるだろう[3]．

3.3　対数量

対数量は，指数量を利用する上で自然に現れる．a を 1 より大きな定数とする．y を正の実数とするとき，

$$a^z = y$$

となる実数 z を

$$z = \log_a y$$

と表して，y の対数と呼ぶことになっている．なお，対数の底 a を省略して，$\log y$ と表されることがある．また，a が 1 より小さい場合は，逆数 $1/a$ の対数に帰着されることは，指数量の場合と同様である．

「対数表は，非常に繁雑なベキや根号の値を求める場合にとりわけ有効である．ベキを作ったり根号を開いたりする操作に代わって正面に出てくるのは，簡単な掛け算と割り算にすぎないからである」

---

[3] 有名な「オイラーの等式」は，$a = e$, $z = \sqrt{-1}\pi$ という特殊な場合に当たる．

第3章　最初の飛躍　35

　対数の重要な性質は，y, v を正の実数，n を実数とするとき，以下のようにまとめられる．

$$\begin{cases} \log y^n = n \log y \\ \log vy = \log v + \log y \\ \log \dfrac{y}{v} = \log y - \log v. \end{cases}$$

　オイラーは対数の利用法について以下のように述べる．

　　「対数の利用が特に要請されるのは，ベキ指数の中に未知量が入っているような場合である．例えば，

$$a^x = b$$

　　という形の方程式に到達したとして，この方程式から未知量 x の値を見出さなければならないものとしてみよう．これを遂行するためには対数をもってするほかない．$\log a^x = x \log a = \log b$ より，

$$x = \frac{\log b}{\log a}$$

　　となる．この場合，どの対数系を使っても結果は同じである」

　さらにオイラーは，実際にいくつかの例で数値を求めている．第6章の例は，内容が独特で興味深いため，以下に全て列挙する．

　なお，加減乗除と平方根および以下に記した対数値から，値を求めることができる．ぜひ各自で挑戦してほしい．数値は章末に記す．

例 A $a = 10$, $z = 1, 2, 3, 4, 0, -1, -2, -3, 1/2$ に対し, a^z の値を求めよ.

例 B $a = 10$ に対し, 次々と平方根を開く方法によって, $\log_a 5$ の値を求めよ.（本書の第 2 部第 2 章で解説）

例 C1 $2^{\frac{7}{12}}$ の値を求めよ.

$$\log_{10} 2 = 0.3010300$$
$$\log_{10} 1.498307 = 0.1756008$$

例 C2 ある地域の人口が毎年 $\frac{1}{30}$ ずつ増加するとき, 最初 100000 人の住民が住んでいたとして, 100 年後の人口を求めよ.

$$\log_{10} \frac{31}{30} = 0.014240439$$
$$\log_{10} 2.654874 = 0.4240439$$

例 C3 洪水の後, 6 人の人間から人類が増えたとして, 200 年後に 1000000 人に達したとき, 人口は毎年どの程度の割合で増加しているか.

$$\log_{10} 6 = 0.7781513$$
$$\log_{10} 1.061963 = 0.0261092$$

例 C4 一世紀ごとに人口が 2 倍になるとき, 年間の人口増大率を求めよ.

$$\log_{10} 1.0069555 = 0.0030103$$

例 D1 人口が $\frac{1}{100}$ ずつ増加していくとき, 人口が 10 倍になるのは何年後か.

$$\log_{10}(101/100) = 0.0043214$$

例 D2　400000 フローリン借りて毎年 5 ％の利息を支払うという契約を結んで，1 年ごとに 25000 フローリンずつ返すとき，借金が完全になくなるのは何年後か.

$$\log_{10} 5 = 0.6989700$$
$$\log_{10}(105/100) = 0.0211892991$$
$$\log_{10} 5.003188 = 0.6992469$$

例 E　各項がひとつ前の項の平方になっている系列 2, 4, 16, 256,⋯ の 25 番目の項の大きさを求めよ.

$$2^{24} = 16777216$$
$$\log_{10} 2 = 0.301029995663981195$$
$$\log_{10} 1.8185852985 = 0.259733675932$$

第 6 章の最後に記された E の解答は，少々おかしい. オイラーはいったん 6 番目までの正しい数字を記したあと，さらに 11 番目までの数字を記し，最後の数字を 1 だけ多く間違えている.

3.4 巨大整数

オイラーは，例 E の $2^{2^{24}}$ という 500 万桁を超える整数について，「この数を明示することはどのようにしても不可能だが •••」と記した. しかし現在は，計算機を利用することによって，明示することが可能になった. 紙数に限りもあるので，ここに全ての数字を記すことはできないが，この整数の 250 万 1 番目から 11 個の数字が 96996079197 であるといったことは答えられる.

それでも 24 という値を数倍するだけで，オイラーの主張は 2010 年現在でも正しくなる. 例えば，$2^{2^{50}}$ は，

85969278666 で始まる
338929644074912 桁の整数

であるが，このように巨大な桁数の整数計算は，現在のパソコンでは不可能だろう．また，$2^{2^{100}}$ は，

22853676942 で始まる

38160085469014705624435882736 桁の整数

であるが，現在この桁数の整数を記録することは，地球上にある全ての記録媒体を用いてもまず不可能だろう．

　念のために計算してみよう．世界人口を将来の増加を見越して 100 億人とし，各個人が均等に記録媒体を持って数字データを管理することにしよう．そうすると，38160085469014705624 個の数字を各個人が管理することになり，通常のように 1 つの数字を 1 バイト文字として記録すると，1TB（テラバイト）の HDD（ハードディスクドライブ）には 1000000000000 個の数字が記録されるので，各人 38160085 台の 1TB の HDD を管理することになる．約 4 千万台の HDD を管理できるような個人は，きっと稀だろう．

　もちろん，記録媒体の進歩によって，この問題も将来クリアできるかもしれない．けれども，そのときはさらに巨大な整数 $2^{2^{200}}$ が待っている．この競争には際限がなく，そして勝ち目もない．

　オイラーは，例 C3 の解答の後でこう述べている．

> 「同じ割合で 400 年にわたって増え続けたとしたら，その場合人口は
>
> $$1000000 \cdot \frac{1000000}{6} = 166666666666$$
>
> にものぼるはずである．地球全体をもってしても，決してこれだけの人口を支えるだけのゆとりはなかったであろう」

第 3 章　最初の飛躍　39

　オイラーが生まれた頃の世界人口は約 6 億人と推測され，その 100 年後は約 10 億人，200 年後は約 17 億人となり，300 年後の現在は約 67 億人である．明らかに最近 100 年で急激に増えている．オイラーが見積もった限界を超えるのは，何年後になるのだろうか．

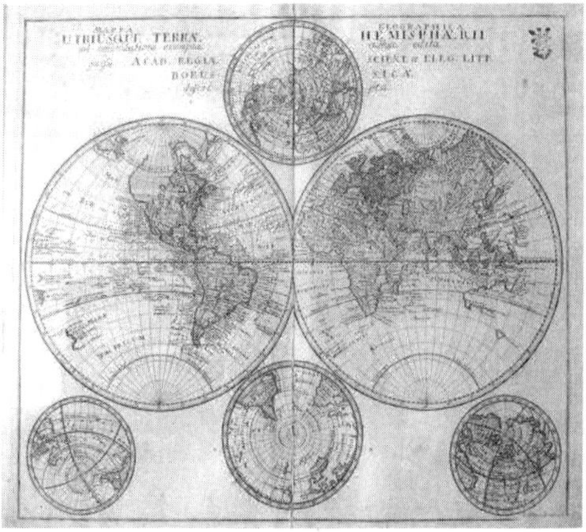

オイラーの世界地図

解答[4]

（A）$10, 100, 1000, 10000, 1, 0.1, 0.01, 0.001, 3.162277$.

（B）0.6989700.

（C1）1.498307.

（C2）2654874 人.

（C3）約 $\frac{1}{16}$.

（C4）約 $\frac{1}{144}$.

（D1）231 年後.

（D2）33 年後.（最後に債権者が 318.8 フローリン返還.）

（E）18185852985 で始まる 5050446 桁の数[5].

---

[4] 解説は『オイラーの無限解析』第 6 章を参照.

[5] オイラーは 18185852986 と記した．11 番目の数字が間違っている.

オイラー周辺の人々 3

エカテリーナ2世 (1729-1796)

第8代ロシア皇帝（在位：1762-1796）．夫はピョートル3世であり，フリードリッヒ大王やオーストリアのヨーゼフ2世とともに啓蒙専制君主の代表である．ロシアでの文化の発展にも力を注ぐ．無神論者ディドロを退散させるため女王がオイラーを呼び，理解困難な数式によって退散させたという話がある．これは創作であると考えられているが，オイラーは『王女への手紙』や『自由思想家に対する抗弁』の中で同様の主張をしている．

4 果てしなき世界 －無限級数－

－無限については倒錯した観念が得られる－

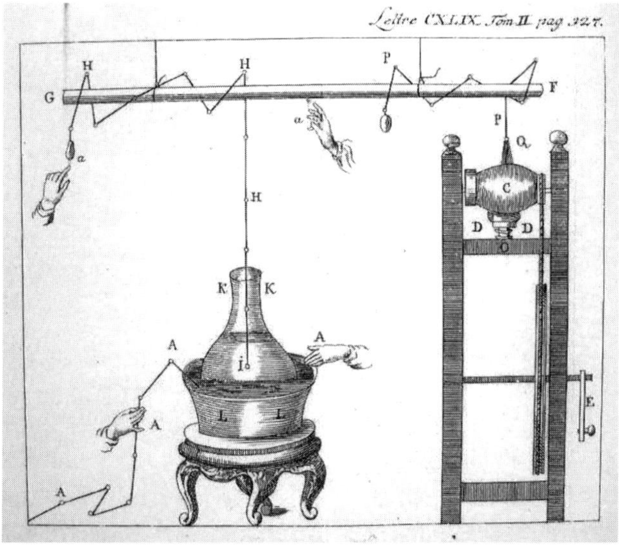

『王女への手紙』第2巻折込図 3/3

4.1 宇宙の極小と極大

『無限解析入門』の例からも分かるように，序文には著者が伝えたい内容がまとめられており，書物の中でも特に重要な部分となっている．しかし残念なことに，オイラーの科学・哲学の啓蒙書である『ドイツ王女の手紙』には序文がない．これは，王女に宛てた手紙を集めて出版したという形式上の理由もあるのだろう．手紙の前に序文を書き記す習慣はないためである．この場合，どの部分を読めば著者が伝えたいことを把握できるのだろうか．

『王女への手紙』の最初の手紙では，「広がり」について述べられている．ここで用いられている単位はフィートとマイルである．1フィート（現在30.48cm）は，足の大きさに由来する古代から用いられた身体尺であると考えられている．俗説ではあるが，イングランド王ヘンリー1世 (1068–1135) の足の大きさとされる．1地理マイル（ドイツマイル，約7.5km）は，1フィート（デンマークフィート，約31.4cm）の24000倍に当たる長さであり，デンマークの天文学者オーレ・レーマー[1](1644–1710) の測量によって地球の4分=4/60度にあたる弧の長さとして定められた．なお，イングランド女王エリザベス1世 (1533–1603) によって8ハロン=1760ヤード=5280フィートに当たる1法定マイル（約1.6km）が定められており，現在用いられているマイルはこちらを意味する．

まずオイラーは，広がりを説明するために，人間の感覚にとってなじみのあるフィートを取り上げる．そして，いったんこの単位を決めさえすれば，いかなる大小の概念も作り出せると述べる．

極小方向の広がりを作り出すためには，分数を用いる．す

---

[1] 木星の衛星の食のずれから，初めて科学的に光の速度を秒速約22万kmと算出した．実際は約30万km.

第 4 章　果てしなき世界　43

なわち，1 フィートの 2 分の 1，4 分の 1，12 分の 1（1 イン
チ），100 分の 1，1000 分の 1 まで小さくすれば，人間の目だ
と判別できないような大きさになるという．そのあとにオイ
ラーが述べたことが興味深い．

> 「10000 分の 1 フィートは，人間の目にはあまり
> にも小さいが，それでもある微生物の大きさを超
> えており，もしその微生物に知覚する能力があっ
> たならば，その大きさは極めて巨大なものになる」

このあとオイラーは，極大方向に話題を転じる．各々の数値
を確認しながら読み進めてみよう．

　オイラーがいるベルリンから王女がいるマグデブルグまで
の距離は 18 地理マイルである．地理マイルがフィートの代わ
りに用いられる理由は，フィートで表すと数が大きくなりす
ぎて理解が困難になるためだという．実際マグデブルグまで
の距離をフィートで表せば，432000 という理解を超えるよう
な大きさになると述べる．球体である地球の一周は 5400 地理
マイルであり，直径は 1720 地理マイルである．地球から月ま
での距離は地球の直径の 30 倍で 51600 地理マイルあるいは
273640000 フィートになるが，地球の直径の 30 倍という表示
が最も分かりやすいと述べる．そして，地球から太陽までの
距離は月までの距離の 300 倍で地球の直径の 9000 倍になると
いう[2]．地球の他には 5 つの惑星と呼ばれる地球と同様な天体
があって，太陽により近い距離に水星と金星があり，より遠
い距離に火星と木星と土星があるとする[3]．彗星を除く肉眼で
見える他の全ての星々は，太陽よりもはるかに遠くにあって
恒星と呼ばれ，各々の恒星までの距離や大きさが異なってい
るという．最も近い恒星は太陽までの距離の 5000 倍以上，す

---

[2] 実際の距離は約 12000 倍である．
[3] 天王星および海王星はこの当時発見されていなかった．

なわち地球の直径の 45000000 倍あるいは 77400000000 地理マイル以上にあるという. さらに, 肉眼で見える最も遠い星は最も近い恒星の 100 倍の距離にあると述べる. そのあとにオイラーが述べたことが興味深い.

「全宇宙に対しては, これらの全ての星々を含む領域であっても, 地球に対する砂粒のような極めて小さな部分に過ぎないかもしれない」

　実際の距離と大幅に異なっている恒星までの距離について, 説明を加えた方がよいだろう. 恒星までの距離は, 地球の公転による年周視差によって計測される. すなわち, 地球は太陽を巡っているので, 季節によって近い恒星と遠い恒星を観測したときにそれらの位置関係にずれが生じる. もし年周視差が 1/5000 ラジアン＝約 0.011 度＝約 41 秒以上となる恒星が存在しないようであれば, 最も近い恒星までの距離は太陽までの距離の 5000 倍以上と言える. 実際には, 最も近い恒星ケンタウルス座 α 星でも年周視差は約 0.75 秒に過ぎず, 太陽との距離の約 276000 倍になる. このような視差が観測されたのは, 19 世紀半ばになってからであった.

　また肉眼で見える最も遠い恒星までの距離は, 恒星の明るさから推測される. 星の見かけの明るさは等級で表され, 5 等級の差で明るさは 100 分の 1 になる. 同じ光を発する星があった場合, 見かけの明るさは距離の二乗に反比例するから, 5 等級の差で距離は 10 倍になる. 最も明るい恒星であるシリウスは -1.5 等級であり, 肉眼で見える最も暗い恒星たちは 6 等級程度とされている. $10^{\frac{7.5}{5}} =$ 約 31.6 なので, それぞれの恒星の大きさの違いを考慮に入れれば, 100 倍という距離の推測は, この当時としては適切かもしれない. ただ, 実際には太陽よりもはるかに明るく輝く恒星たちがあるため, この推測は正しくない. 例えば白色超巨星デネブは, 太陽とケンタウ

第 4 章 果てしなき世界　45

ルス座 α 星との距離の約 500〜1000 倍の距離にあるとされる
ものの，太陽の 7 万〜25 万倍の光度を持つため，1.25 等級の
明るさになる．

　ところで，この節にあるオイラーが与えた数値の中に大き
な計算間違いがあることに気付いただろうか．気付いていな
い場合は，もう一度読み直して間違いを見出してみよう．な
ぜそのような間違いをオイラーがおかしたのだろうか[4]．

4.2　無限級数表示

　我々の物理世界では，どこまでも小さな，あるいはどこまでも
大きな「広がり」を観測することは不可能だと考えられている．
極小については量子論に現れるプランク長の約 1.6×10^{-35} m，
極大については相対論に現れる地平線までの距離 137 億光年
（約 1.3×10^{26} m）といった限界がひとまずある．

　けれども，数学の世界ではそのような限界があっては困る．
例えば，$2^{2^{24}}$ という巨大な数の逆数 $1/2^{2^{24}}$ は 0 と小数点の後
に 500 万個以上の 0 が並ぶような極めて小さな数である．そ
れでも，この極めて小さな数を最小単位にすることはできな
い．なぜならば，$1/2^{2^{100}}$ はそれよりもずっと小さな数であり，
こういった数を扱わなければならない数学者にとっては困る
からだ．

　無限解析においては，どこまでも小さな量である無限小量や
どこまでも大きな量である無限大量を扱って関数を解析する．
『無限解析入門』では，その最も典型的な解析の例として，い
くつかの重要な関数を無限級数によって表示している．

---

[4] 第 2 部第 4 章参照．

I 整関数

$$A + Bz + Cz^2 + Dz^3 + \cdots$$

と表される項数が有限の関数を整関数と呼ぶ. オイラーは, 整
関数の性質が一番よく把握されるのはこの形であると述べ, 以
下のように続けた.

　　　「同様に他のあらゆる種類の関数についても, そ
　　　れらの性質を心に描くには, たとえ項数が実際に
　　　無限になるとしても, このような形が最適であろ
　　　うと思われる」

確かに z が 0 に近いときには, 関数の性質を A, B, C, $\cdots$ の
値をもとに, 定数関数, 一次関数, 二次関数などの整関数を
心に描きながら把握できる.

　こうしてオイラーは, 任意の関数の解析の基礎として無限
級数による表示を前面に押し出していく.

II 分数関数

$$\frac{a}{\alpha + \beta z}$$

は割り算を繰り返すことによって,

$$\frac{a}{\alpha} - \frac{a\beta z}{\alpha^2} + \frac{a\beta^2 z^2}{\alpha^3} - \frac{a\beta^3 z^3}{\alpha^4} + \frac{a\beta^4 z^4}{\alpha^5} - \cdots$$

となることが分かる. どの項も次の項と $1 : -\dfrac{\beta z}{\alpha}$ という一定
の比になっているので, この級数は幾何級数と呼ばれる.

　しかし, オイラーは「割り算は面倒であるし, 無限級数の
本性を簡単に教えてくれるわけでもない」と述べて, 以下の
ような計算方法を示す.

$$\frac{a+bz}{\alpha+\beta z+\gamma z^2} = A + Bz + Cz^2 + Dz^3 + Ez^4 + \cdots$$

とおいて，両辺に $\alpha + \beta z + \gamma z^2$ を掛ければ，

$$
\begin{aligned}
\alpha A & & & = a \\
\alpha B & +\beta A & & = b \\
\alpha C & +\beta B & +\gamma A & = 0 \\
\alpha D & +\beta C & +\gamma B & = 0 \\
\alpha E & +\beta D & +\gamma C & = 0 \\
\alpha F & +\beta E & +\gamma D & = 0 \\
& \cdots\cdots
\end{aligned}
$$

より，A, B, C, $\cdots$ が次々に求まる．例えば，前のふたつの項が P, Q とすると，続く項の R は，

$$R = \frac{-\beta Q - \gamma P}{\alpha}$$

となる．こうして先行した項から新たな項が求められる級数は，回帰級数と呼ばれる．上記のようにして係数を求める方法は，より複雑な関数の無限級数を求めるときに重要な意味を持つことになる．

III 有理数指数のベキ乗関数

m を有理数，P, Q を関数とする．このとき，ベキ指数 m のベキ乗関数 $(P+Q)^m$ は，次の「一般定理」によって無限級数に変換されるのが通例だとする．

一般二項定理

$$\begin{aligned}
(P+Q)^m &= \sum_{j=0}^{\infty} {}_mC_j P^{m-j}Q^j \\
&= P^m + \frac{m}{1}P^{m-1}Q \\
&\quad + \frac{m(m-1)}{1\cdot 2}P^{m-2}Q^2 \\
&\quad + \frac{m(m-1)(m-2)}{1\cdot 2\cdot 3}P^{m-3}Q^3 \\
&\quad + \cdots \\
&\quad + \frac{m(m-1)\cdots(m-j+1)}{1\cdot 2\cdots j}P^{m-j}Q^j \\
&\quad + \cdots .
\end{aligned}$$

ただし，${}_mC_0 = 1,\ {}_mC_j = \dfrac{m(m-1)\cdots(m-j+1)}{1\cdot 2\cdots j}$.

なお，m が自然数の場合は，$j > m$ のとき ${}_mC_j = 0$ となるため，項数が有限の二項定理になることに注意する.

二項定理

$$(P+Q)^m = \sum_{j=0}^{m} {}_mC_j P^{m-j}Q^j$$

$Z = Q/P$ と置き換えれば，一般定理によって，

$$\begin{aligned}
(P+Q)^m &= P^m(1+Z)^m \\
&= P^m(1 + \frac{m}{1}Z \\
&\quad + \frac{m(m-1)}{1\cdot 2}Z^2 \\
&\quad + \frac{m(m-1)(m-2)}{1\cdot 2\cdot 3}Z^3 + \cdots)
\end{aligned}$$

という無限級数に表される. ただし，この等式が必ず成立す

第4章　果てしなき世界　49

るのは $|Z| < 1$ の場合に限られる.

『無限解析入門』には,上記の一般定理がどのようにして導き出されるかという説明は見当たらない.なお,『微分計算教程』の後半第4章には,$y = x^n$ の高階導関数

$$\frac{dy}{dx} = nx^{n-1},$$

$$\frac{d^2y}{dx^2} = n(n-1)x^{n-2},$$

$$\frac{d^3y}{dx^3} = n(n-1)(n-2)x^{n-3}, \cdots$$

を次々に求めた上で,無限級数

$$(x+\omega)^n = x^n + \frac{n}{1}x^{n-1}\omega + \frac{n(n-1)}{1 \cdot 2}x^{n-2}\omega^2$$
$$+ \frac{n(n-1)(n-2)}{1 \cdot 2 \cdot 3}x^{n-3}\omega^3 + \cdots$$

をニュートンの有名な表示として取り上げている.ここで,$n = m$, $x = P$, $\omega = Q$ と置き換えたものが,一般二項定理である.

『無限解析入門』は,オイラー自身が述べているように,無限小計算－微分計算および積分計算の序文として成立している.そのため,このような場面では,「通例の表示」として記すだけで,その証明には立ち入らない方がよいと考えたのだろう.

この他にも無限級数による表示に関わる場面において,微分計算を用いないような説明では,「容易に理解できない」あるいは「適切ではない」と述べている.つまり,無限級数の背後には微分計算が隠れていることをほのめかしている.こうして,オイラーは微分計算への道を徐々に示している.

IV 指数関数

変化量 z を，無限小量 ω と無限大量 i を用いて，次のように表現する．

$$[1] \qquad z = \omega i.$$

さらに，正の実数 a に対して，次の等式で定まる定数 k を考える．

$$[2] \qquad a^\omega = 1 + k\omega.$$

もし微分計算や幾何を用いることが許されるならば，k は z の関数 a^z の導関数 $a^z \log_e a$ の $z = 0$ における値 $\log_e a$，あるいは $w = a^z$ という曲線の点 $(0, 1)$ における接線の傾きとして説明できる．しかし，微分計算や幾何は『無限解析入門』第 1 巻からは排除されているため，[2] のような説明にならざるを得ない．

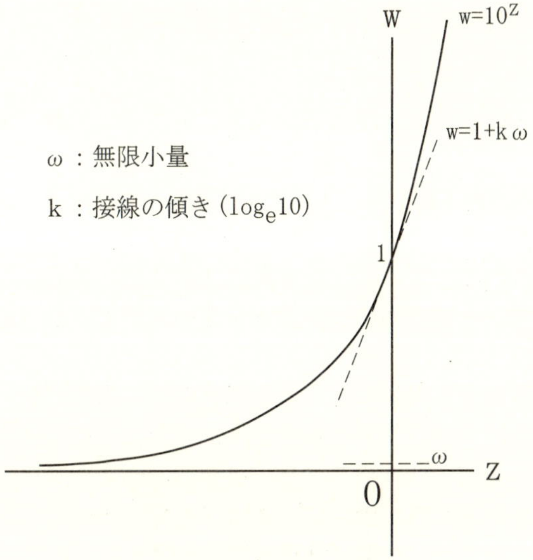

幾何による定数 k の説明

第 4 章 果てしなき世界 51

　無限小量 ω, 無限大量 i は，具体的に途中の値を代入でき
る．例えば，$a = 10$, $z = 2$ として，

$$
\begin{cases}
i = 2000000, \\
\omega = \dfrac{1}{1000000}, \\
k = 2.30258\cdots
\end{cases}
$$

といった具体的な値を代入してみると，以下の変形が納得で
きるだろう．

$$
\begin{aligned}
a^z &= a^{\omega i} & [1] \\
&= (1 + k\omega)^i & [2] \\
&= \left(1 + \frac{kz}{i}\right)^i & [1] \\
&= \sum_{j=0}^{i} {}_iC_j \left(\frac{kz}{i}\right)^j & \text{二項定理} \\
&= 1 + \sum_{j=1}^{i} \frac{i}{i}\frac{i-1}{2i}\frac{i-2}{3i}\cdots\frac{i-j+1}{ji}(kz)^j \\
&= 1 + \sum_{j=1}^{\infty} \frac{1}{1}\frac{1}{2}\frac{1}{3}\cdots\frac{1}{j}(kz)^j & (i = \infty) \\
&= \sum_{j=0}^{\infty} \frac{1}{j!}(kz)^j.
\end{aligned}
$$

この等式は，全ての実数 z で成立する．

V 対数関数

$$a^z = 1 + x \iff z = \log_a(1+x)$$

という定義から，以下のように見事に無限級数に変形される．

$$
\begin{aligned}
\log_a(1+x) &= z & \text{定義}\\
&= \omega i & [1]\\
&= \frac{i}{k}k\omega & \\
&= \frac{i}{k}(a^\omega - 1) & [2]\\
&= \frac{i}{k}(a^{\frac{z}{i}} - 1) & [1]\\
&= \frac{i}{k}((1+x)^{\frac{1}{i}} - 1) & \text{定義}\\
&= \frac{i}{k}(\sum_{j=0}^{\infty} {}_{1/i}C_j x^j - 1) & \text{一般定理}\\
&= \frac{1}{k}\sum_{j=1}^{\infty} i\frac{1/i}{1}\frac{1/i-1}{2}\cdots\frac{1/i-j+1}{j}x^j & \\
&= \frac{1}{k}\sum_{j=1}^{\infty}\frac{1}{1}\frac{-1}{2}\frac{-2}{3}\frac{-3}{4}\cdots\frac{-j+1}{j}x^j & (i=\infty)\\
&= \frac{1}{k}\sum_{j=1}^{\infty}\frac{(-1)^{j-1}}{j}x^j.
\end{aligned}
$$

この等式は $|x| > 1$ という範囲では成立しない．しかし，この等式を巧みに利用して，$\log 2, \log 3, \cdots, \log 7, \cdots, \log 10$ などの対数値の近似値を効率よく求めることができる[5]．

　IV と **V** における導き方は，対照的で興味深い．

---

[5]次章で解説する．

第 4 章　果てしなき世界　53

ベルリンとマグデブルグ

オイラー周辺の人々 4

ジャン・ル・ロン・ダランベール (1717 – 1783)

フランスの数学者・物理学者・哲学者．その知名度と関心の広さにより，ディドロとともに『百科全書』の責任編集者となり，その序論を執筆している．『王女への手紙』に対して批判的であり，ラグランジュへの手紙の中で「我々の友人は偉大な解析学者だが，相当に劣悪な哲学者である」と述べている．そしてラグランジュもまた，ニュートンのヨハネ黙示録の註解に比すべき天才の錯乱だとして，「オイラーの名誉のために公表されないほうがよい」と述べている．

5 限りなき数学 －数字と文字－

－この数値の一番最後の数字もまた正しい－

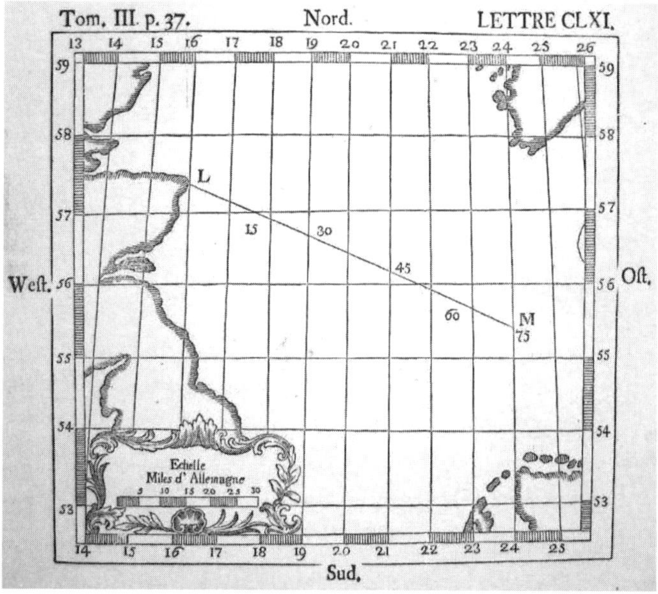

『王女への手紙』第三巻折込図 1/8

5.1　学問の基礎

『無限解析入門』は，数字と文字，そして少数の図と特殊記号から構成されている．数字は，インド数字に起源を持つアラビア数字

$$0123456789$$

10個と少数のローマ数字が用いられている．文字は，ラテン文字のアルファベット

$$ABCDEFGHIJKLMNOPQRSTUVWXYZ$$

26文字とその小文字が主に用いられ，あとは少数のギリシャ文字のアルファベット

$$\alpha\beta\gamma\delta\epsilon\xi\eta\theta\iota\kappa\lambda\mu\nu\zeta o\pi\rho\sigma\tau\upsilon\phi\chi\psi\omega$$

24文字が用いられている．

文化によって数字や文字の体系は異なる．10個の数字である必然性はないだろうし，26文字である必然性もない．しかし，なぜ10個なのか，なぜ26文字なのかを問うことは学問である．

同じような問いに，次のようなものがある．なぜ1年は12ヶ月なのか，なぜ1ヶ月は約4週なのか，なぜ1週は7日なのか．これらの問いは我々を天文学に導いてくれる[1]．

我々は問うことによって学ぶことができる．問いが導く学問領域はさまざまであるが，全ての問いの源流はたったひとつ"未知の世界への探究心"ではないだろうか．

---

[1] 地球の公転周期は365.24日，月の公転による満ち欠けの周期は29.53日．月が1周する間に大潮（新月，満月）・小潮（上弦，下弦の半月）という4回の潮の極値がある．365.24/29.53 = 12.36 → 12ヶ月，29.53/4 = 7.38 → 7日という解釈がある．

5.2 数字

　無限に存在する自然数は，有限個の数字を並べることによって表示される．a 進法では，$a_0, a_1, \cdots, a_n$ をそれぞれ 0 から $a-1$ までの整数とするとき，

$$(a_n a_{n-1} \cdots a_2 a_1 a_0)_a$$

によって，

$$a_n \cdot a^n + a_{n-1} \cdot a^{n-1} + \cdots + a_2 \cdot a^2 + a_1 \cdot a^1 + a_0$$

という自然数を表す．逆に全ての自然数は，最初の 0 の並びを除外することにより一意的に表される．この a 進法は，a^0, $a^1, a^2, \cdots$ を用いて組み立てられており，その背景には指数関数 a^z がある．

　オイラーは，指数関数 a^z における定量 a について，以下のように述べている．

> 「a が負の数のときに引き起こされるさまざまな
> 不都合な状況を考慮して，a は正で，しかも 1 よ
> り大きい数と定めよう」

$a = 1$ のときは定数関数になり，a が 0 または負のときは「大きな飛躍」という不都合があり，さらに $0 < a < 1$ のときは $a > 1$ の場合に帰着される．

　オイラーは，『無限解析入門』の中で，3 つの具体的な a の値を示している．それぞれ大変興味深い値であるので，以下に全てを取り上げよう．

I $a = 10$

　我々は，10 進法による数の体系を常用している．そのため，底 10 の対数 $\log_{10} b$ は常用対数と呼ばれている．オイラーは，

z が自然数のときには 10^z の明示が容易であると，以下の例を挙げて述べている．

$$10^1 = 10, \ 10^2 = 100, \ 10^3 = 1000, \ 10^4 = 10000,$$
$$および \ 10^0 = 1.$$

$$10^{-1} = \frac{1}{10} = 0.1, \ 10^{-2} = \frac{1}{100} = 0.01,$$
$$10^{-3} = \frac{1}{1000} = 0.001.$$

さらに，$z = \dfrac{1}{2}$ のときの近似値を示している．

$$10^{\frac{1}{2}} = \sqrt{10} = 3.162277.$$

この数値が『無限解析入門』で示された最初の近似値であり，「77」で終わる有効桁数が 7 の数である．

II $a = 2$

2 進法による数の体系は重要である．一般の a 進法の中で，その重要性を考察してみよう．a 種類の記号を何度でも用いて良いものとして，それらの記号を z 個並べた元の集合を考える．このようにして新たに産み出された集合の元の個数は，

$$a^z$$

になる．もし 1 種類だけの記号しかなかったとすると，どんなに z を大きくしても $1^z = 1$ なので，たった 1 個の元しか産み出せない．したがって，指数的に豊富な元を産み出す最小の自然数こそが，$a = 2$ なのである．

2 進法は，日常生活の数の表記に用いられることはないが，計算機やバーコードなどさまざまな機械を通じて深く関わっている．それは，1 か 0 か，あるかないかという分け方こそ

が，最も単純な判断だからだろう．あとはこの分け方を組み合わせることによって，はるかに複雑な判断も可能になる．

オイラーは，底 10 の常用対数値 p を底 2 の対数値 q に変換するための公式を述べる．すなわち，

$$\log_{10} 2 = 0.3010300$$

なので，

$$q = \frac{p}{0.3010300} = 3.3219277 \cdot p$$

となる．最後の数値は「77」で終わっているが，これは間違いであり，正しい値は 3.3219280 なので，

$$-0.0000003$$

の誤差となる．このオイラーの間違いは，日常生活で底 2 と底 10 の対数値を両用していた人々にとって，はなはだ迷惑であったに違いない[2]．

III $a = e$

オイラーは，前章の定義式

$$a^\omega = 1 + k\omega \quad (\omega : \text{無限小量})$$

において，k が 1 となるような a があると述べる．この a は，$\omega i = 1$（i : 無限大量）とすることにより，

$$
\begin{aligned}
a \;\; &= a^{\omega i} = (1 + \omega)^i \\
&= \left(1 + \frac{1}{i}\right)^i = \sum_{j=0}^{\infty} \frac{1}{j!} \\
&= 1 + \frac{1}{1} + \frac{1}{1 \cdot 2} + \frac{1}{1 \cdot 2 \cdot 3} + \frac{1}{1 \cdot 2 \cdot 3 \cdot 4} + \cdots
\end{aligned}
$$

---

[2] ただし，この条件を満たす人々はいなかったと思われる．

となることが分かる．この数が，自然対数の底またはネイピアの数と呼ばれる有名な数であり，自然科学において円周率 π とともに最も頻繁に現れる定数である．オイラーは，この数の近似値を

$$2,71828182845904523536028$$

と表示して，簡単に表記するために，常にこれを文字

$$e$$

で表すとしている．この数は自然数ではないので，e 進法による数の表示は用いられない．しかしながら，e を用いた指数関数と対数関数は，いずれも極めて重要な関数である．

$< e^z >$

e^z の無限級数表示は，$k = 1$ より，

$$e^z \; = \left(1 + \frac{z}{i}\right)^i = \sum_{j=0}^{\infty} \frac{z^j}{j!}$$
$$= 1 + \frac{z}{1} + \frac{z^2}{1 \cdot 2} + \frac{z^3}{1 \cdot 2 \cdot 3} + \cdots$$

となる．$a^y = e^z$ の自然対数をとると $y \log a = z$ であるから，

$$a^y \; = e^{y \log a}$$
$$= \sum_{j=0}^{\infty} \frac{(y \log a)^j}{j!}$$
$$= 1 + \frac{y \log a}{1} + \frac{y^2 (\log a)^2}{1 \cdot 2} + \frac{y^3 (\log a)^3}{1 \cdot 2 \cdot 3} + \cdots$$

が得られる．そして，オイラーはこう述べる．

「任意の指数量が，自然対数の助けを借りて，無限級数を用いて書き表されることになる」

まさしく任意の指数量（複素数の複素数乗）を得るための鍵は，ここにある.

$< \log_e(1+x) >$
自然対数の無限級数による表示は，$k = 1$ より，

$$\begin{aligned}
\log(1+x) &= i((1+x)^{\frac{1}{i}} - 1) \\
&= \sum_{j=1}^{\infty} \frac{(-1)^{j-1}}{j} x^j \\
&= x - \frac{x^2}{2} + \frac{x^3}{3} - \frac{x^4}{4} + \cdots
\end{aligned}$$

となる．$|x| > 1$ では，無限級数は発散するため等式は成立しない．そこで，オイラーは次のような巧妙な手段を与える.

$$\begin{aligned}
L(x) &= \log \frac{1+x}{1-x} \\
&= \log(1+x) - \log(1-x) \\
&= \sum_{j=1}^{\infty} \frac{(-1)^{j-1}}{j} x^j - \sum_{j=1}^{\infty} \frac{(-1)^{j-1}}{j} (-x)^j \\
&= 2 \sum_{j=0}^{\infty} \frac{x^{2j+1}}{2j+1} \\
&= 2 \left(x + \frac{x^3}{3} + \frac{x^5}{5} + \cdots \right).
\end{aligned}$$

ここで，

$$\begin{aligned}
L(1/5) &= \log(6/4) = \log 3 - \log 2 \\
L(1/7) &= \log(8/6) = 2 \log 2 - \log 3 \\
L(1/9) &= \log(10/8) = \log 5 - 2 \log 2
\end{aligned}$$

より，これらの等式を組み合わせると，$\log 2, \log 3, \log 5$ の近

似値が $L(1/j)$ の計算から以下のように求められる.

$$\log 2 = L(1/5) + L(1/7),$$
$$\log 3 = 2L(1/5) + L(1/7),$$
$$\log 5 = 2L(1/5) + 2L(1/7) + L(1/9).$$

n の素因数が 2, 3, 5 のみであれば,この 3 つの対数値を用いて $\log n$ の値が求められる.従って,$\log 4$, $\log 6$, $\log 8$, $\log 9$, $\log 10$ の近似値が求められ,10 以下の自然数で残るのは 7 のみとなる.

そこでオイラーは $x = \dfrac{1}{99}$ として,

$$L(1/99) = \log(100/98) = \log 2 + 2\log 5 - 2\log 7$$

より,

$$\log 7 = \frac{5L(1/5) + 5L(1/7) + 2L(1/9) - L(1/99)}{2}$$

から近似値を求めている.

しかしながら,この最後の計算は奇妙ではないだろうか.というのも,$x = \dfrac{1}{6}$ とすれば,

$$L(1/6) = \log(7/5) = \log 7 - \log 5$$

より,

$$\log 7 = 2L(1/5) + L(1/6) + 2L(1/7) + L(1/9)$$

から近似値は求められるのである.$L(1/5)$, $L(1/7)$, $L(1/9)$ の中で,$L(1/99)$ はあまりにも突然である.計算家の目には,$\log 7$ だけを特別に扱っているように見える[3].

---

[3] そして,$\log 7$ の近似値にのみ誤差がある.

5.3 アルファベット

『無限解析入門』において，関数はアルファベットで表示されている．オイラーが，「アルファベットの最初の方 $a, b, c, \cdots$ は定量に利用され，最後の方 $z, y, x, \cdots$ は変化量に利用される」とし，さらに「関数とは定量と変化量により構成される解析的表示式」としたためである．

オイラーは『無限解析入門』の数値リストの中で，2種類のアルファベットを全て表示している．まず最初に，$\log_{10} 5$ の計算リストでは，24個の数値を以下のラテン文字で表している．

ABCDEFGHI KLMNOPQRST VWXYZ

J と U の 2 文字が用いられていない理由を調べてみよう．ラテン文字は，紀元前 7 世紀頃に西ギリシャ文字やエトルリア文字[4]を元にして作られたとされる．元々は 21 文字だったが，紀元前 3 世紀頃 Z の代わりに G，紀元前 1 世紀頃に Y と Z，14 世紀頃に W，16 世紀頃に J，18 世紀頃に U が使われるようになり，現在の 26 文字になった．まとめれば以下のようになる．

B7c ABCDEFZ HI KLMNOPQRST V X
B3c ABCDEFG̲HI KLMNOPQRST V X
B1c ABCDEFGHI KLMNOPQRST V XY̲Z̲
14c ABCDEFGHI KLMNOPQRST VW̲XYZ
16c ABCDEFGHIJ̲KLMNOPQRST VWXYZ
18c ABCDEFGHIJKLMNOPQRSTU̲VWXYZ

すなわち 16 世紀以前には J と U はラテン文字に使われていなかったのであり，24 のラテン文字はその頃の文字体系に従っているわけである．

---

[4] 紀元前 8〜紀元前 4 世紀頃にイタリア半島中部にあった都市国家集団のエトルリアで用いられた．

さらにオイラーは，ゼータ関数に関わる近似値のリストでも，22 個の数値を以下のラテン文字で表している．

ABCDEFGHI KLMNOPQRST VWX

ここでは，さらに Y と Z の 2 文字がないことに気付く．紀元前 1 世紀以前には確かにこれらの文字は使われていなかったが，このときには W もなかったので数が合わない．この疑問はひとまず保留しておく．

その直後のゼータ関数に関わる近似値のリストでは，24 個の数値をギリシャ文字で表している．

$$\alpha\beta\gamma\delta\varepsilon\xi\eta\theta\iota\kappa\lambda\mu\nu\zeta o\pi\rho\sigma\tau\upsilon\phi\chi\psi\omega$$

ここでは，全てのギリシャ文字が用いられている．ギリシャ文字は，紀元前 9 世紀頃に子音文字のフェニキア文字から直接発展したとされ，α から τ はフェニキア文字が用いられ，残りの υ から ω が新たに付け加えられた．

最初の文字が「アルファ」，二番目の文字が「ベータ」であるから，「アルファベット」と呼ばれるわけである．ギリシャ語では，母音の表記が不可欠であるため，$\alpha, \varepsilon, \eta, \iota, o, \upsilon, \omega$ の 7 文字が母音として使用された．なお，小文字が使われるようになったのは中世以降である．

ラテン文字やギリシャ文字の起源をたどるとアルファベットの源流ともいえるフェニキア文字にたどり着く．この文字は，紀元前 11 世紀頃に生まれ，地中海で活躍していた海洋民族フェニキア人によって使用されていたという．以下の 22 文字からなる純粋な子音文字である．

ＸＷΦ٩ΛＣＯ≢ͲΛϞ𐤊ΙＩ⊗ΘＢＩＹＥＤＦΔＫ

なお，これらの文字は 19 世紀になって発見された．

第 5 章 限りなき数学 65

　この 22 文字のアルファベットの痕跡は，旧約聖書（ヘブライ語聖書）の詩篇の中に残っている．古ヘブライ文字はフェニキア文字とほぼ同一とされ，150 の詩篇のうちの 9 つの詩篇は，ある一定の周期で行頭に同じ順序で文字が登場し，アルファベット詩篇と呼ばれている[5]．

詩篇番号	周期
111, 112	1/2 節
25, 34, 145	1 節
9–10, 37	2 節
119	8 節

　これらの詩篇を調べれば，詩篇が作られた当時の 22 文字のアルファベットを確認できるわけである．なお，多くの詩篇の作り手は紀元前 10 世紀頃の古代イスラエル王ダビデであると伝承されている[6]．

5.4　計算の基礎

――― 正しい近似値 ―――

自然対数の底 $e = 2.71828\cdots$ の近似値としては，次のどちらが正しいのだろう．

　　　　　A 2.72　　　B 2.71.

---

[5]詩篇 9 と 10 は合わせて 1 つのアルファベット詩篇となる．詩篇 119 では 8 節連続して同じ文字が並ぶ．

[6]現代の聖書学では否定されることがある．

この問の正解は状況に応じて異なるため，どちらでもない
というのが適切な答えだろう．四捨五入による値ならばAが
正しくて，切捨てならばBが正しい．

四捨五入と切捨ての値を比べると，四捨五入の値が真の値
に近い数値を与えることがある．問の数値はそのような例に
なっている．けれども，もっと高い精度の数値を知っている
者からすれば，「Aの方が絶対的に正しい」という主張は不適
当に思える．

『無限解析入門』の数値にも，四捨五入と切捨てに関する
問題がある．オイラーは以下の対数値の近似値を6度にわたっ
て書き記している．

$$\log_{10} 2 = 0.3010300.$$

この対数値の近似値は，章末の問の $2^{2^{24}}$ を計算するために，
より高い精度で再登場する．

$$\log_{10} 2 = 0.301029995663981195.$$

このふたつの数値を比べれば，最初の近似値は後の近似値の
四捨五入による値だと推測するのは自然だろう．ところが，自
然対数の底 e の近似値に書き添えられたオイラーの言葉が，近
似値は切捨てによる値であることをほのめかしている．

「2.718281828459045235360287.
　　この数値の一番最後の数字もまた正しい」

e の小数点以下 24 桁までの近似値は，

2.718281828459045235360287

である．オイラーが与えた数値は「028」で終わっており，こ
のあとに「7」が続くのだから，切捨てによる値としなければ
最後の数字「8」は正しくない．

第5章 限りなき数学　67

　実は,『無限解析入門』における数値は基本的に切捨てによる値であることが, 他の大量の数値から判断できる. 例えば, 正弦の対数に関わるマクローリン展開における係数リストでは, 四捨五入ならば16個の数値の中に11個の間違いがあるとしなければならないが, 切捨てならば間違いは全くなくなってしまう.

　オイラーは, 自然対数の底を有効桁数24という中途半端な桁数で表しているが, この数字のあとにわざわざ

$$2.718281828459$$

という有効桁数13という精度の低い近似値を再び記している.

　『無限解析入門』に掲載された数値リストの個数や桁数には, 驚くほど統一感がない箇所がある. また, 数値の間違いも80箇所以上にのぼる. 全集で指摘されている間違いはもっと多いが, 切捨ての数値だと考えれば半数近くは正しい値となる. しかし, 残った半分の間違いは, 切捨てや四捨五入の違いだけでは説明できないものである. これらの疑問については, 第2部の探究編で考察することになる.

オイラー周辺の人々 5

フリードリッヒ大王（1712– 1786）

第3代プロイセン王（在位：1740 – 1786）であり，軍事的に優れた手腕を発揮し，合理的な国家経営によってプロイセンの強大化に尽力した．また，自身でフルート演奏を楽しむなど芸術的才能の持ち主であり，啓蒙専制君主の典型とされる．王がオイラーに対して冷淡な態度をとったために，オイラーを敬愛する研究者からはあまり好意的に見られていない．

6　円への飛躍 －円周率－

－対数と指数それ自体から正弦と余弦が生じる－

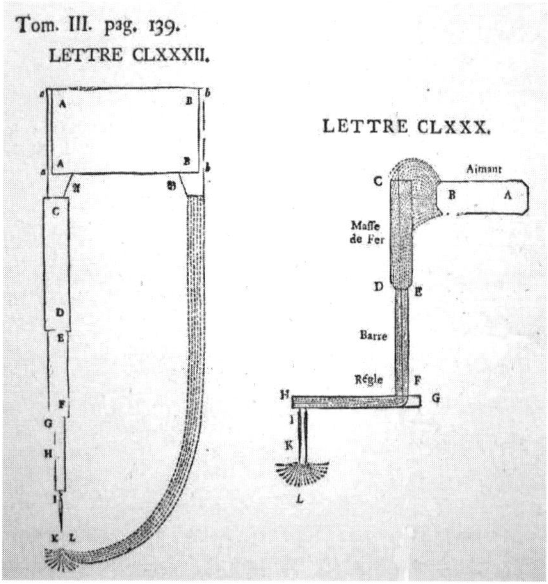

Tom. III. pag. 139.
LETTRE CLXXXII.

LETTRE CLXXX.

『王女への手紙』第三巻折込図 2/8

6.1 円の超越量

円は多様な超越量を産み出す．まず，基本となる

$$\text{円弧 } z,$$
$$\text{正弦 } \sin z, \text{ 余弦 } \cos z,$$
$$\text{正接 } \tan z = \frac{\sin z}{\cos z}, \text{ 余接 } \cot z = \frac{\cos z}{\sin z}$$

の値を産み出し，これらは虚量の世界で

$$\text{指数 } e^z, \text{ 対数 } \log z$$

の値と結びつく．さらには，

$$\text{ゼータ } 1 + \frac{1}{2^n} + \frac{1}{3^n} + \frac{1}{4^n} + \cdots$$

という不思議な値まで関連することになる．

『無限解析入門』の第 8 章でオイラーは，半径 1 の円の半周を有理数によって表すことは不可能であると述べる[1]．そして，その近似値を

3, 14159265358979323846264338327950288419716939937510582097494459230781640628620899862803482534211706798214808651327230664709384466 +, pro quo nume-

と表示して，簡単に表記するために，これを文字

$$\pi$$

---

[1] 円周率が無理数であることは 1761 年にランベルトが，超越数であることは 1882 年にリンデマンが証明した．

で表すとしている．次にオイラーは，円弧，正弦，余弦，正接，余接の記号や基本性質を述べたあと，正弦と余弦の加法定理を取り上げる．

$$
\begin{cases}
\sin(y + z) = \sin y \cos z + \cos y \sin z \\
\cos(y + z) = \cos y \cos z - \sin y \sin z.
\end{cases}
$$

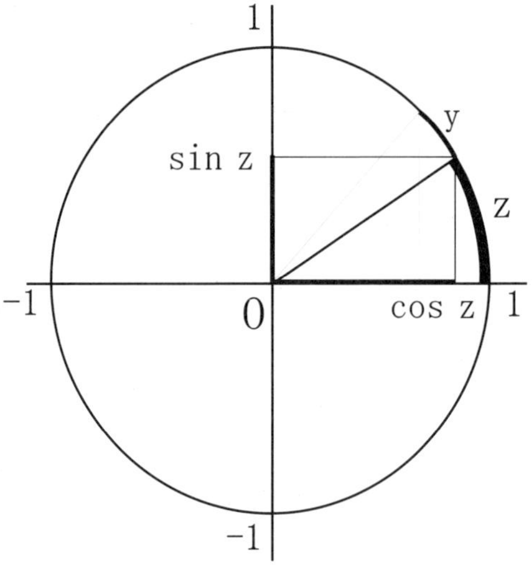

この定理から，絶対値が 1 の虚量の掛け算は，

$$
\begin{aligned}
(\cos y &+ \sqrt{-1} \sin y)(\cos z + \sqrt{-1} \sin z) \\
&= (\cos y \cos z - \sin y \sin z) + \sqrt{-1}(\sin y \cos z + \cos y \sin z) \\
&= \cos(y + z) + \sqrt{-1} \sin(y + z)
\end{aligned}
$$

となって，偏角の和で表されることが分かる．したがって，これを $(\cos z + \sqrt{-1} \sin z)^n$ および $(\cos(-z) + \sqrt{-1} \sin(-z))^n$ に適用すると，z を n 個足せば nz，$-z$ を n 個足せば $-nz$ であり，$\cos(-z) = \cos z$，$\sin(-z) = -\sin z$ だから，ド・モア

ヴルの公式

$$\begin{cases} (\cos z + \sqrt{-1}\sin z)^n = \cos nz + \sqrt{-1}\sin nz \\ (\cos z - \sqrt{-1}\sin z)^n = \cos nz - \sqrt{-1}\sin nz \end{cases}$$

が得られる. さらに, この 2 式の和と差から,

$$(*)\begin{cases} \cos nz = \dfrac{(\cos z + \sqrt{-1}\sin z)^n + (\cos z - \sqrt{-1}\sin z)^n}{2} \\ \sin nz = \dfrac{(\cos z + \sqrt{-1}\sin z)^n - (\cos z - \sqrt{-1}\sin z)^n}{2\sqrt{-1}} \end{cases}$$

が得られる. 分子の 2 つの項を二項定理によってそれぞれ展開すると約半数の項が消えて,

$$\begin{aligned} \cos nz &= \sum_{j=0}^{[\frac{n}{2}]} (-1)^j {}_nC_{2j}(\cos z)^{n-2j}(\sin z)^{2j} \\ &= \sum_{j=0}^{[\frac{n}{2}]} (-1)^j \frac{n(n-1)\cdots(n-2j+1)}{1\cdot2\cdot3\cdots2j}(\cos z)^{n-2j}(\sin z)^{2j}, \\ \sin nz &= \sum_{j=0}^{[\frac{n-1}{2}]} (-1)^j {}_nC_{2j+1}(\cos z)^{n-2j-1}(\sin z)^{2j+1} \\ &= \sum_{j=0}^{[\frac{n-1}{2}]} (-1)^j \frac{n(n-1)\cdots(n-2j)}{1\cdot2\cdot3\cdots(2j+1)}(\cos z)^{n-2j-1}(\sin z)^{2j+1} \end{aligned}$$

が導かれる[2]. ここで, 変化量 v を

$$v = nz \quad (n:無限大量, \ z:無限小量)$$

---

[2] $[x]$ は x を超えない最大の整数.

とすると,『無限解析入門』の緒言にあるように「消失する弧は
その正弦に等しく,消失する円弧の余弦は半径に等しい」ため,

$$
\begin{cases}
\sin z = z = \dfrac{v}{n} \\
\cos z = 1
\end{cases}
$$

となって,以下のように無限級数が導かれる.

$$
\begin{aligned}
\cos v \;&= \sum_{j=0}^{[\frac{n}{2}]} (-1)^j \frac{n(n-1)\cdots(n-2j+1)}{1\cdot 2\cdot 3\cdots 2j} 1^{n-2j} \cdot \left(\frac{v}{n}\right)^{2j} \\
&= \sum_{j=0}^{[\frac{n}{2}]} (-1)^j \frac{n(n-1)\cdots(n-2j+1)}{1n\cdot 2n\cdot 3n\cdots 2jn} v^{2j} \\
&= \sum_{j=0}^{\infty} (-1)^j \frac{1}{1\cdot 2\cdot 3\cdots 2j} v^{2j} \qquad (n=\infty) \\
&= 1 - \frac{v^2}{1\cdot 2} + \frac{v^4}{1\cdot 2\cdot 3\cdot 4} - \frac{v^6}{1\cdot 2\cdot 3\cdot 4\cdot 5\cdot 6} + \cdots,
\end{aligned}
$$

$$
\begin{aligned}
\sin v \;&= \sum_{j=0}^{[\frac{n-1}{2}]} (-1)^j \frac{n(n-1)\cdots(n-2j)}{1\cdot 2\cdot 3\cdots (2j+1)} 1^{n-2j-1} \cdot \left(\frac{v}{n}\right)^{2j+1} \\
&= \sum_{j=0}^{[\frac{n-1}{2}]} (-1)^j \frac{n(n-1)\cdots(n-2j)}{1n\cdot 2n\cdot 3n\cdots (2j+1)n} v^{2j+1} \\
&= \sum_{j=0}^{\infty} (-1)^j \frac{1}{1\cdot 2\cdot 3\cdots (2j+1)} v^{2j+1} \qquad (n=\infty) \\
&= v - \frac{v^3}{1\cdot 2\cdot 3} + \frac{v^5}{1\cdot 2\cdot 3\cdot 4\cdot 5} \\
&\qquad\qquad - \frac{v^7}{1\cdot 2\cdot 3\cdot 4\cdot 5\cdot 6\cdot 7} + \cdots.
\end{aligned}
$$

こうしてオイラーは,加法定理と二項定理から,無限解析の
力によって正弦と余弦の無限級数表示を導いている.

6.2 別種の関数との結びつき

オイラーは,『無限解析入門』の緒言で次のように述べている.

「円弧といった種類の量と対数とは全く別種のも
のであるが, 言わばぴんと張られたひもで結ばれ
ており, 一方の量が虚量になると見れば, 即座に
もう一方の量に移っていくのである」

(＊) において, $n = i$, $v = iz$ (i：無限大量, z：無限小量)
とすると,「消失する弧」の理由により,

$$\sin z = z = \frac{v}{i}, \quad \cos z = 1$$

となって,

$$\begin{cases} \cos v = \dfrac{\left(1 + \dfrac{v\sqrt{-1}}{i}\right)^i + \left(1 - \dfrac{v\sqrt{-1}}{i}\right)^i}{2} \\[4ex] \sin v = \dfrac{\left(1 + \dfrac{v\sqrt{-1}}{i}\right)^i - \left(1 - \dfrac{v\sqrt{-1}}{i}\right)^i}{2\sqrt{-1}} \end{cases}$$

が得られる. ここで, 前章で述べたように

$$e^z = \left(1 + \frac{z}{i}\right)^i$$

に, $z = +v\sqrt{-1}$, $z = -v\sqrt{-1}$ を適用すれば[3],

$$\begin{cases} \cos v = \dfrac{e^{+v\sqrt{-1}} + e^{-v\sqrt{-1}}}{2} \\[3ex] \sin v = \dfrac{e^{+v\sqrt{-1}} - e^{-v\sqrt{-1}}}{2\sqrt{-1}} \end{cases}$$

---

[3] 虚量乗の値を定める重要な適用.

が得られ，これらの 2 式から，次の有名な公式を得る．

オイラーの公式

$$e^{+v\sqrt{-1}} = \cos v + \sqrt{-1}\sin v$$

実関数では全く別種の関数であった指数関数と三角関数が，無限解析の力によって虚量の世界で結ばれる．

（＊）の $\sin nz$ の式において，今度は逆に $n = \dfrac{1}{i}$ とすると，

$$\sin nz = \sin \frac{z}{i} = \frac{z}{i}$$

となって，

$$\begin{aligned}
\frac{z}{i} &= \frac{(\cos z + \sqrt{-1}\sin z)^{\frac{1}{i}} - (\cos z - \sqrt{-1}\sin z)^{\frac{1}{i}}}{2\sqrt{-1}} \\
&= \frac{1}{2\sqrt{-1}}\Big\{\Big((\cos z + \sqrt{-1}\sin z)^{\frac{1}{i}} - 1\Big) \\
&\qquad\qquad - \Big((\cos z - \sqrt{-1}\sin z)^{\frac{1}{i}} - 1\Big)\Big\}
\end{aligned}$$

が得られる．ここで，前章で述べたように

$$\log(1+x) = i((1+x)^{\frac{1}{i}} - 1)$$

に，$1 + x = \cos z + \sqrt{-1}\sin z$, $1 + x = \cos z - \sqrt{-1}\sin z$ を適用すれば[4]，

$$\begin{aligned}
z = \frac{1}{2\sqrt{-1}} \quad &\big\{\log(\cos z + \sqrt{-1}\sin z) \\
&- \log(\cos z - \sqrt{-1}\sin z)\big\}
\end{aligned}$$

---
[4] 虚量の対数値を定める重要な適用．

が得られる．したがって，次の公式が得られる．

> **━━ 虚量の対数公式 ━━**
>
> $$z = \frac{1}{2\sqrt{-1}} \log \frac{\cos z + \sqrt{-1}\sin z}{\cos z - \sqrt{-1}\sin z}.$$
>
> $$w = 2z \text{ と置くと，}$$
> $$w = \frac{1}{\sqrt{-1}} \log(\cos w + \sqrt{-1}\sin w).$$

こうして，実関数では全く別種の関数であった対数関数と円弧・三角関数が，無限解析の力によって虚量の世界で結ばれる．

オイラーは，この公式における変化量の範囲について指定していない．そこでこの公式によって虚量の対数値を定めると，負の数の指数量で「大きな飛躍」という不都合が起こった理由を説明できる．具体的に 2^z と $(-2)^z$ を比べてみる．

$$(**) \begin{cases} 2 &= 2(\cos 0 + \sqrt{-1}\sin 0) \\ -2 &= 2(\cos \pi + \sqrt{-1}\sin \pi) \end{cases}$$

と表せば，$\log vy = \log v + \log y$ となることおよび対数公式から，

$$\begin{cases} \log 2 &= \log 2 + \log(\cos 0 + \sqrt{-1}\sin 0) \\ &= \log 2 + \sqrt{-1}\cdot 0 \\ &= \log 2 \\ \log(-2) &= \log 2 + \log(\cos \pi + \sqrt{-1}\sin \pi) \\ &= \log 2 + \sqrt{-1}\cdot \pi \\ &= \log 2 + \pi\sqrt{-1} \end{cases}$$

第6章 円への飛躍 77

が得られる．したがって，前章のように「指数量を自然対数の助けを借りて」表せば，$a^y = e^{y \log a}$ だから，

$$\begin{cases} 2^z & = e^{z \log 2} \\ (-2)^z & = e^{z \log(-2)} \\ & = e^{z(\log 2 + \pi \sqrt{-1})} \\ & = e^{z \log 2} e^{z \pi \sqrt{-1}} \\ & = e^{z \log 2}(\cos z\pi + \sqrt{-1} \sin z\pi) \end{cases}$$

となり，z が整数以外の実量の場合は $(-2)^z$ が虚量になることが分かる．

さらに，(**) で $0 \to 2k\pi$, $\pi \to \pi + 2k\pi$（k：任意の整数）と置き換えられることに注意すると，対数関数は無限の値を持つことが分かる．実際にオイラーは，1746 年 6 月のゴールドバッハ宛の手紙の中で，$\sqrt{-1}$ の $\sqrt{-1}$ 乗が無限個の実量であることを驚きをもって伝えた．すなわち，

$$\begin{aligned} \log \sqrt{-1} & = \log(\cos(\pi/2 + 2k\pi) + \sqrt{-1}\sin(\pi/2 + 2k\pi)) \\ & = \sqrt{-1} \cdot (\pi/2 + 2k\pi) \qquad (k：任意の整数) \end{aligned}$$

と表されることから，

$$\begin{aligned} \sqrt{-1}^{\sqrt{-1}} & = e^{\sqrt{-1} \log \sqrt{-1}} \\ & = e^{\sqrt{-1}(\sqrt{-1} \cdot (\pi/2 + 2k\pi))} = e^{-(\pi/2 + 2k\pi)} \end{aligned}$$

という無限個の実量が得られるのである．

本来定義されていなかった値を，無限解析の力によって見事に導いたオイラーの鮮やかな手並みには，やはり驚かされる．そしてそのきっかけが単純で微かな問題にあったことは忘れてはならないだろう．

6.3 円周率の計算競争

オイラーは円周率の計算競争には参加しなかったとされる.少なくとも『無限解析入門』の著述以前に参加していなかったことが,以下のように『無限解析入門』の円周率の近似値から推測される.

実は,第1章で記した π の近似値は間違っている.円周率の値としては正しいが,オイラーが記した値としては間違っている.『無限解析入門』に記された円周率の近似値は,冒頭で示したように小数点以下 113 桁目が「7」となっていて,正しい値の「8」ではない.

オイラーはこの間違った近似値を 1738 年に著した論文でも記しており,マチン (1680–1751) とド・ラニー (1660–1734) の名前を挙げている.上記の間違いはド・ラニーの論文にあったもので,オイラーがその誤りを指摘しなかった以上,円周率をこの精度まで計算していなかったと考えるのが自然だろう.

円周率の計算の歴史は,古代エジプトの時代から現代に至るまで大変興味深い.ここでは,18 世紀の円周率の計算競争を振り返ってみる.基本となる計算方法として,次のグレゴリー級数,すなわち $\tan^{-1} x$ ($\tan x$ の逆関数) の無限級数表示が挙げられる.

$$
\begin{aligned}
\tan^{-1} x &= \sum_{n=0}^{\infty} \frac{(-1)^n x^{2n+1}}{2n+1} \\
&= x - \frac{x^3}{3} + \frac{x^5}{5} - \frac{x^7}{7} + \cdots.
\end{aligned}
$$

『無限解析入門』でオイラーは,この公式を対数公式から次のように得ている.まず,公式を

$$
z = \frac{1}{2\sqrt{-1}} \log \frac{1 + \sqrt{-1} \tan z}{1 - \sqrt{-1} \tan z}
$$

と変形すると，前章で用いた等式

$$\log \frac{1+x}{1-x} = 2\left(x + \frac{x^3}{3} + \frac{x^5}{5} + \cdots\right)$$

から，

$$z = \tan z - \frac{(\tan z)^3}{3} + \frac{(\tan z)^5}{5} - \frac{(\tan z)^7}{7} + \cdots$$

が導かれる．さらに $z = \tan^{-1} x$ と置けば $\tan(\tan^{-1} x) = x$ となって，グレゴリー級数が得られる．

シャープ (1651–1742) は，グレゴリー級数に $x = \dfrac{1}{\sqrt{3}}$ を代入した次の公式を用いて，1705 年に小数点以下 72 桁まで示した．

シャープの公式

$$\begin{aligned} \frac{\pi}{6} &= \frac{1}{\sqrt{3}}\sum_{n=0}^{\infty}\frac{(-1)^n}{3^n(2n+1)} \\ &= \frac{1}{\sqrt{3}}\left(1 - \frac{1}{3\cdot 3} + \frac{1}{3^2\cdot 5} - \frac{1}{3^3\cdot 7} + \cdots\right). \end{aligned}$$

その後マチンは，正接の倍角公式によって以下の公式を得て，1706 年に小数点以下 100 桁まで示した[5]．

マチンの公式

$$\begin{aligned} \frac{\pi}{4} &= 4\tan^{-1}\frac{1}{5} - \tan^{-1}\frac{1}{239} \\ &= 4\sum_{n=0}^{\infty}\frac{(-1)^n 2^{2n+1}}{(2n+1)10^{2n+1}} - \sum_{n=0}^{\infty}\frac{(-1)^n}{(2n+1)239^{2n+1}}. \end{aligned}$$

---

[5] ベックマン『π の歴史』参照．

あとでオイラーの計算と比べるために，20桁まで求めるための具体的な計算を以下に記す．

$$\pi = \sum_{n=1}^{15} a_n + \sum_{n=1}^{4} b_n + \varepsilon.$$

$a_1 = 32/10^1$ $a_2 = -a_1 \cdot 4/3/10^2$

$a_3 = -a_2 \cdot 12/5/10^2$ $a_4 = -a_3 \cdot 20/7/10^2$

$a_5 = -a_4 \cdot 28/9/10^2$ $a_6 = -a_5 \cdot 36/11/10^2$

$a_7 = -a_6 \cdot 44/13/10^2$ $a_8 = -a_7 \cdot 52/15/10^2$

$a_9 = -a_8 \cdot 60/17/10^2$ $a_{10} = -a_9 \cdot 68/19/10^2$

$a_{11} = -a_{10} \cdot 76/21/10^2$ $a_{12} = -a_{11} \cdot 84/23/10^2$

$a_{13} = -a_{12} \cdot 92/25/10^2$ $a_{14} = -a_{13} \cdot 100/27/10^2$

$a_{15} = -a_{14} \cdot 108/29/10^2$

$b_1 = 4/239$ $b_2 = -b_1 \cdot 1/171363$

$b_3 = -b_2 \cdot 3/285605$ $b_4 = -b_3 \cdot 5/399847$

その後ド・ラニーは，シャープの公式を用いて1719年に小数点以下127桁まで示したが，実は113桁目が間違っていたのである．なお，この間違いを指摘したのは，75年後のベガであった[6]．

ところでド・ラニーは，なぜ小数点以下127桁という中途半端な近似値を求めたのだろうか．その理由を知るために，ド・ラニーの原論文での円周率の近似値を見てみよう．

---

[6] ベガは1794年に円周率を小数点以下140桁まで示しており，136桁までが正しい値であった．

3141.5926.5358.9793.2384.6264.3383.2795.
0288.4197.1693.9937.5105.8209.7494.4592.
3078.1640.6286.2089.9862.8034.8253.4211.
7067.9821.4808.6513.2723.0664.7093.
8446.─┼ & 8447.──

この表示によって，計算家にとって 127 という数よりも馴染みのある数 $128 = 4 \times 32 = 2^2 \times 2^5 = 2^7$ が現れる．すなわち，2進法表記では $128 = (10000000)_2$ であり，切りの良い数なのである．

6.4 オイラーと円周率

オイラーが与えた円周率に関する公式は膨大な量にのぼるが，その中でも彼自身が1時間で20桁まで求めたという次の公式が有名である．

── オイラーの円周率公式 ──

$$\frac{\pi}{4} = 5 \tan^{-1} \frac{1}{7} + 2 \tan^{-1} \frac{3}{79}$$

$$= 5 \cdot \frac{1}{1/7} \sum_{n=1}^{\infty} \frac{(2n-2)!!}{(2n-1)!!} \left(\frac{2}{100} \right)^n$$

$$+ 2 \cdot \frac{1}{3/79} \sum_{n=1}^{\infty} \frac{(2n-2)!!}{(2n-1)!!} \left(\frac{144}{100000} \right)^n.$$

ここで，$0!! = 1$ および
$$(2n-2)!! = 2 \cdot 4 \cdot 6 \cdots (2n-4) \cdot (2n-2),$$
$$(2n-1)!! = 1 \cdot 3 \cdot 5 \cdots (2n-3) \cdot (2n-1).$$

この公式はマチンの公式の同種の公式であるが，巧妙なの

はうまく有理数を見出すことによって,

$$\frac{(1/7)^2}{1+(1/7)^2} = \frac{2}{100}, \quad \frac{(3/79)^2}{1+(3/79)^2} = \frac{144}{100000}$$

という等式が成立し, 無限級数

$$\tan^{-1} x = \frac{1}{x} \sum_{n=1}^{\infty} \frac{(2n-2)!!}{(2n-1)!!} \left(\frac{x^2}{1+x^2} \right)^n$$

による10進法に適した計算になっている点だろう. この公式によって円周率を20桁まで求めるための具体的な計算を以下に記す.

$$\pi = \sum_{n=1}^{13} a_n + \sum_{n=1}^{8} b_n + \varepsilon.$$

$a_1 = 280/10^2$ $a_2 = a_1 \cdot 4/3/10^2$

$a_3 = a_2 \cdot 8/5/10^2$ $a_4 = a_3 \cdot 12/7/10^2$

$a_5 = a_4 \cdot 16/9/10^2$ $a_6 = a_5 \cdot 20/11/10^2$

$a_7 = a_6 \cdot 24/13/10^2$ $a_8 = a_7 \cdot 28/15/10^2$

$a_9 = a_8 \cdot 32/17/10^2$ $a_{10} = a_9 \cdot 36/19/10^2$

$a_{11} = a_{10} \cdot 40/21/10^2$ $a_{12} = a_{11} \cdot 44/23/10^2$

$a_{13} = a_{12} \cdot 48/25/10^2$

$b_1 = 30336/10^5$ $b_2 = b_1 \cdot 96/10^5$

$b_3 = b_2 \cdot 576/5/10^5$ $b_4 = b_3 \cdot 864/7/10^5$

$b_5 = b_4 \cdot 128/10^5$ $b_6 = b_5 \cdot 1440/11/10^5$

$b_7 = b_6 \cdot 1728/13/10^5$ $b_8 = b_7 \cdot 672/5/10^5$

円周率にオイラーが興味を持っていたことは, 大量の公式や著作における記述から明らかである. それにもかかわらず,

この公式を用いて 128 桁以上の円周率を求めなかったのはなぜなのだろうか.

ド・ラニーが計算した 128 桁の次に求めるべき桁数は, 切りの良いところで 150 桁, 200 桁, あるいは $2^8 = 256$ 桁あたりになる. もしその計算の労力よりも数値を求める楽しさが勝ると考えたならば, オイラーはその計算を実行しただろう. ところが, オイラーの円周率公式は, マチンの公式と比べてはるかに良いアルゴリズムを与えているわけではない. したがって, アルゴリストのオイラーにとっては, この計算はそれほど楽しいものではなかった可能性がある.

その一方で, オイラーは数値計算そのものを楽しんだとも伝えられている. ということは, 円周率の桁数を伸ばすよりも, さらに興味深い数値計算があったことになる. 実際に残された数値としては, 『無限解析入門』における大量の数値リストがある. 例えば, $\sin\dfrac{\pi}{2}\dfrac{m}{n}$ と $\cos\dfrac{\pi}{2}\dfrac{m}{n}$ のマクローリン展開の係数を小数点以下 28 桁まで 31 個もどういうわけか求めている. これらは単に円周率のベキ乗を階乗と 2 のベキ乗で割った数値に過ぎないが, 彼にとっては何らかの意味で大切な数値だったのだろうか.

ヴェイユは, オイラーが計算したさまざまな数値から判断してこう述べている[7].

> 「オイラーが, そこから導ける理論的結論を抜きにして, 時にはこうした計算そのものを大いに楽しんでいたというのは疑問の挟みようのない事実である」

オイラーは, いったい何を楽しんでいたのだろうか.

---

[7] ヴェイユ『数論』p.259 参照.

― オイラー周辺の人々 6 ―

エドモンド・ハレー（1656–1742）

イギリスの天文学者・数学者・気象学者．ケプラーの惑星
運動の法則を証明に関心を寄せていたが，すでにニュー
トンが証明していることを知り，ニュートンを説得して
『自然哲学の数学的諸原理』（プリーンキピア）の出版を援
助した．『彗星天文学概論』では，1456 年，1531 年，1607
年，1682 年の彗星は同一の天体であり，次は 1758 年に回
帰すると予言した．死後に彗星が現れ，ハレー彗星と呼
ばれるようになった．彼の月の観測データをもとに，マ
イヤーは月の位置を求めるための精密な式を導いている．

7 美しき調べ －正弦と余弦－

－美しい音楽はどうして喜びをもたらすのか－

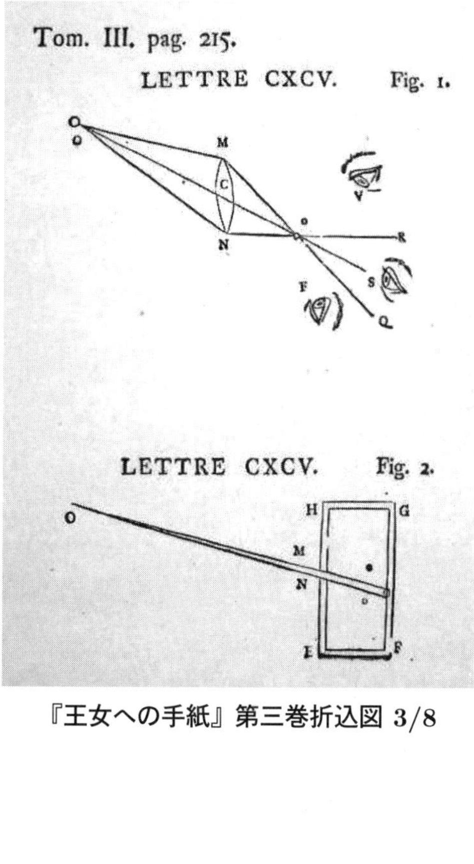

『王女への手紙』第三巻折込図 3/8

7.1 王女と謎

ラ・モット (1672–1731) 作

私は見た，私は信用できる目撃者，
ある小さな子が，勝利の鉄の武器を装備して，
目をバンドで覆い，心に襲いかかろうとした，
分別はなさそうだけれど，愛らしい．
その後しばらくして，天空に額をあげて，
自分の勝利に大いなる誇りを持って，
勝利の声でその栄光を祝った．
私には全世界を望むように見えた．
ではその子とはいったい誰だろう？
　　　私が大胆さに感嘆したその子とは？
それはキューピッドではなかった．
　　　それがあなたを悩ませる．

J'ai vu, j'en suis témoin croyable,
Un jeune enfant, armé d'un fer vainqueur,
Le bandeau sur les yeux, tenter l'assaut d'un cœur,
Aussi peu sensible, qu'aimable.
Bientôt après, le front élevé dans les airs,
L'enfant, tout fier de sa victoire,
D'une voix triomphante en célébrait la gloire.
Et semblait pour témoin vouloir tout l'univers.
Quel est donc cet enfant, dont j'admirai l'audance?
Ce n'était pas l'Amour. Cela vous embarasse.

この謎 (énigme) は,『ドイツ王女への手紙』の8通目の手紙の中で触れられている. 王女もこれを楽しんだそうであるが, 現代の日本人には容易には解けないだろう. この謎を解くためには, 当時のヨーロッパの常識を知っておく必要があるからだ.

しかし, それでもなお挑戦する価値はあると考える. 謎が解けない理由を把握するまたとない機会だからである. 解けないからといって, 謎に腹を立てないでほしい. 解答は第2部第7章で記すことにする.

7.2 オイラーの公式

オイラーの公式

$$e^{+v\sqrt{-1}} = \cos v + \sqrt{-1}\sin v$$

とその逆関数版である対数公式

$$z = \frac{1}{\sqrt{-1}} \log(\cos z + \sqrt{-1}\sin z)$$

は, いかなる理由で重要なのかを考えてみよう. まず, 指数関数や対数関数の虚量での値は, 簡単には定義できないことに注意しよう.

例えば, e の有理数乗 $e^{\frac{m}{n}}$ であれば, n 乗して e^m になる実数として定められる. さらに e の実数乗 e^x は, 有理数 $\frac{m}{n}$ を実数 x に近づけていくことで $e^{\frac{m}{n}}$ の極限値として自然に定めることができる.

けれども, e の虚量乗はどうやって定義すれば良いのだろうか. この問題に対しオイラーは, 次のように答えたことになる.

無限解析の力によって定義される.

オイラーが示した手順をもう一度見直そう. i を無限大量として,

$$e^z = \left(1 + \frac{z}{i}\right)^i \quad [\mathrm{I}]$$

$$= \sum_{j=0}^{\infty} \frac{z^j}{j!}. \quad [\mathrm{II}]$$

対数関数の変形は以下の通りであった.

$$\log(1+x) = i\left((1+x)^{\frac{1}{i}} - 1\right) \quad [\mathrm{I}]$$

$$= \sum_{j=1}^{\infty} \frac{(-1)^{j-1}}{j} x^j. \quad [\mathrm{II}]$$

まず, [I] という無限大積と無限小積の式への変形が重要である. この時点で z や $1+x$ に虚量を代入することによって定義されていなかった関数の値が定まる. 虚量が代入できる式に鮮やかに変形したのは, 無限解析の力であった.

しかし, 式の変形はここで終わっていない. さらに, [II] という無限級数の式への変形も極めて重要である. これを説明するために, 一般の関数の無限級数による表示を確認しておこう. 無限回微分可能な関数 $f(x)$ が以下のように表現されたとする.

$$f(x) = a_0 + a_1 x^1 + a_2 x^2 + \cdots + a_n x^n + \cdots.$$

両辺を n 回微分すれば,

$$f^{(n)}(x) = a_n n! + a_{n+1} \frac{(n+1)!}{1!} x^1 + a_{n+2} \frac{(n+2)!}{2!} x^2 + \cdots$$

が得られ, $x = 0$ を代入すれば,

$$f^{(n)}(0) = n! a_n \quad \Longleftrightarrow \quad a_n = \frac{f^{(n)}(0)}{n!}$$

となる．したがって一般の関数の場合，無限級数の係数 a_n は高階導関数の値から定まるといって良い．

ところが，指数関数や対数関数の場合には，高階導関数を求めなくても無限級数に表示できる．その理由は，a^z や $\log_a(1+x)$ の場合には，$w = a^z$ の $(z, w) = (0, 1)$ における接線の傾き $k = \log_e a$ から全ての高階導関数の値が決まるためである．

無限級数による表示は，オイラーが緒言で述べているように「代数的量であるかのように取り扱うことができる」という点で，特に重要な意味を持っている．ひとたびその有効性が広く認識されるようになれば，逆に複素関数の基礎を無限級数に置くという考え方も受け入れやすくなる．さらに一般の解析関数を扱うようになれば，無限級数の係数を導くために「微分計算」も必然的に登場することになる．

まとめると，オイラーの公式は超越関数の中で最も基本となる指数関数の定義域を虚量まで無限解析の力によって拡張した点で，複素関数論の幕開けであると考えられる．そしてその背後には，「複素関数の基礎」および「微分計算」という重要なテーマがひかえていた．

7.3　3つの関数の調和

前節では，複素関数論の幕開けという面からオイラーの公式の重要性を説明した．もちろんこれは，この公式の一面に過ぎない．それよりも3つの具体的な特殊関数たち "指数関数 e^z，正弦関数 $\sin z$，余弦関数 $\cos z$" の調和の中に重要性を見出す研究者も多いだろう．

オイラーの公式は，正弦関数や余弦関数が用いられるような領域では，その舞台に立つ資格が十分ある．さまざまな波－音，光，脳波，地震波，津波など－の解析において，正弦関

数や余弦関数は必然的に登場する．したがって，この世界にはオイラーの公式が登場する場面が限りなく存在している．

ところでオイラー自身は，この公式をどのように考えていたのだろうか．まず，『無限解析入門』の本文に記されている言葉は以下の通りである．

「対数と指数が虚量の世界へと広がっていくとき，
対数と指数それ自身から正弦と余弦が生じる」

実関数としては，指数関数や対数関数はどこまでも値が大きくなる関数であり，正弦関数と余弦関数は値が -1 と 1 の間におさまる関数である．確かにオイラーは，緒言において正弦や余弦の量は対数量とは「別種」であると述べている．ところが虚量の世界ではこれらの別種の関数が結びつくのだから，きっと何らかの驚きがあったと推測される．

ただし『無限解析入門』の本文には，そういった主観については記されていない．この公式で $v = \pi$ として得られる

$$e^{\pi\sqrt{-1}} + 1 = 0$$

を，オイラーは最も美しい等式としてアカデミーの門に掲げたという逸話（？）まである[1]．しかしながら，少なくとも『無限解析入門』の本文中にはそのような感動を述べる言葉は見当たらない．

ここで知っておかねばならないのは，科学的著作における暗黙のルールである．基本的に論文の中では，著者の主観による記述は避けるべきだと考えられている．なぜならば，事実には多種多様な受け取り方があり，著者の主観はそのひとつに過ぎない．そのような個人的観点を論文で述べるのは傲慢な態度と受け取られかねず，その主観が事実と混同される

---

[1] アクゼル『天才数学者たちが挑んだ最大の難問』 p.75　参照．

第 7 章　美しき調べ　91

おそれもある．科学論文では，著者は発見や発明した事実を
客観的に述べさえすれば良いのである．

　ところが，客観的に事実を述べるだけでは満足できない学
者もいる．その発見や発明が自分自身に与えた喜びを表現せ
ずにはいられない学者である.『王女への手紙』に書かれた内
容から判断すれば，オイラーはまさにそういった学者の一人
であったと考えられる．

7.4　協和音と 12 音階

　『王女への手紙』の 8 通目までの手紙の題名を以下に記そう．

I 広がり　II 速さ　III 音とその速さ,
IV 協和音と不協和音,
V ユニゾンとオクターブ　VI 他の協和音
VII ハープシコードの 12 音,
VIII 美しい音楽の喜び

　空間の広がりを述べた後に，2 点間を往来するための速さに
ついて説明し，音の速さについて述べている．音はさまざま
な振動が空気によって我々の耳の器官に送り届けられたもの
であり，楽器の弦を見ればその振動を見ることができるとし
て，次の図を示している．

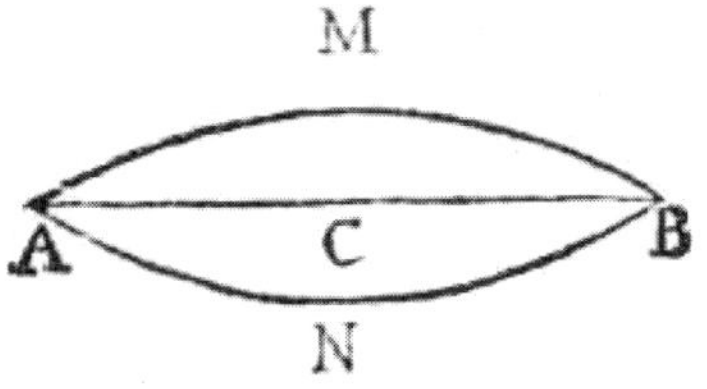

音の大きさは振動の振幅に関係しているが，それ以上にもっと本質的な違いがあると述べる．それは振動が早いかどうかであり，これによって音の高さや低さが決まる．オイラーは1秒間に 20 回の振動（20Hz）以下や 4000 回の振動（4000Hz）以上は知覚できないと記している[2]．このようにしてオイラーは，音についての基礎的な事柄を説明した後に音楽の話題に入る．

まず4通目の手紙の最初に，ひとつの音は以下のような一定間隔の・（ドット）の列で表されるとする．

LETTRE IV.

Votre Altesse vient d'interrompre le fil de mes
pensées d'une manière très gracieuse . . .

. . . .

. . . .

. . . .

3＋14＋14＋14 個のドット

低い音は間隔が広がり，高い音は間隔が狭くなるという．そして，ひとつの音を受け取るときも以下のような等間隔のドットで表されるという．

. . . .

12 個のドット

ここで説明を加えておくと，単一の周波数の音はひとつの正弦関数または余弦関数によって表される．ドットの間隔は，その基本周期を意味している．多くの楽器では，基本周波数の

---

[2] 人間は 20000Hz の音も聞こえるとされるが，一般に 4000Hz 以上の音は聞き取りにくい．

第7章　美しき調べ　93

音（基音）だけではなく，その整数倍の周波数の音（倍音）も
加わって，ひとつの音色を形成している．

　オイラーは，上で示したように音は目に見えるように表現
できるとする．そして，不協和音と協和音は，ドットのパター
ンで見分けることができるという．

11+12 個のドット

11+6 個のドット

11+12 個のドットでは，秩序が見えにくいために不協和音で
あり，11+6 個のドットでは一目で秩序が分かるので協和音で
あるという．周波数で表せば，前者は 10:11，後者は 10:5＝2:1
であり，単純な整数比のほうがその秩序をすぐに把握できる
ということである．

　こうしてオイラーは，単純な整数比を協和音の根拠として，
彼の音律の構成方法を述べる．まず 5 通目の手紙では，最小
の素数 2 を用いた音階が示される．1 つ高い音は 2 倍の周波
数，つまり 1 オクターブ高い音になるため，1 オクターブ内に
はたった 1 つの音階しかない．次に 6 通目の手紙では，小さ
いほうから 2 番目までの素数 2 と 3 を用いた音階が示される．
この場合には，1 オクターブ内に新たに 3 つの音階が加わって

4音階となる.

	2^n	$2^n 3^m$
C		$2 \cdot 2 \cdot 2 \cdot 3$
D		$3 \cdot 3 \cdot 3$
F	1	$2 \cdot 2 \cdot 2 \cdot 2 \cdot 2$
G		$2 \cdot 2 \cdot 3 \cdot 3$
c		$2 \cdot 2 \cdot 2 \cdot 2 \cdot 3$
f	2	$2 \cdot 2 \cdot 2 \cdot 2 \cdot 2 \cdot 2$

最後に7通目の手紙では,小さいほうから3番目までの素数2と3と5を用いた音階が示される.新たに8音階が加わって以下の12音階となる. $(2^n 3^m 5^l)$

$$1 + 3 + 8 = 12.$$

													Différence
C	2	2	2	2	2	2	3	$\cdots$			384		
Cs	2	2	2	5	5	$\cdots$					400	16	
D	2	2	2	3	3	3	$\cdots$				432	32	
Ds	3	3	3	3	5	$\cdots$					450	18	
E	2	2	2	2	2	3	5	$\cdots$			480	30	
F	2	2	2	2	2	2	2	3	2		512	32	
Fs	2	2	3	3	3	5	$\cdots$				540	28	
G	2	2	2	2	2	3	3	$\cdots$			576	36	
Gs	2	2	2	3	5	5	$\cdots$				600	24	
A	2	2	2	2	2	2	2	5	$\cdots$		640	40	
B	3	3	3	5	5	$\cdots$					675	35	
H	2	2	2	2	3	3	5	$\cdots$			720	45	
c	2	2	2	2	2	2	2	2	3		768	48	

オイラーの 12 音階の周波数[3]

このようにしてオイラーの音律は定められる.したがって,音楽用語で「＊度」と呼ばれる協和音の周波数の比は,以下の

---

[3] ドイツ音階では「CDEFGAH」が「ドレミファソラシ」に対応する.

整数比で与えられる.

2	2, 3	2, 3, 5
$1:1$	$2:3$（5 度）	$2^2:5$（長 3 度）
$1:2$	$3:2^2$（4 度）	$5:2 \cdot 3$（短 3 度）
	$2^3:3^2$（2 度）	
	$3^2:2^4$（7 度）	
	$3^3:2^5$（短 3 度）	
	$2^5:2 \cdot 3^3$（長 6 度）	

なお，短 3 度は $3^3:2^5$ と $5:2 \cdot 3$ の比が非常に近いため，2
つの比が示されている.

　オイラーは，この手紙の最後に次のように述べる.

　　「このように，現在使用されている音階は，2 と
　　3 と 5 という数に由来がある．もしさらに 7 とい
　　う数を導入したとすれば，1 オクターブの音階は
　　増え，音楽技術はより高い完成度になっただろう.
　　しかしながら，ここでは数学はそのハーモニーを
　　音楽のなすがままにさせている」

章末にオイラーによる素数 7 を含めた音階表を掲載している.
この音階で作曲・演奏する音楽家は，いつか現れるのだろうか.

7.5　音楽と謎掛け

　8 通目の手紙の冒頭では，オイラーは以下の問いを投げか
ける.

　　「美しい音楽はどうして喜びをもたらすのか．こ
　　れは好奇心をそそるとともに重要な問いである」

オイラーは，この問いの答えが教養のある人でも異なっていることや理由はないという主張もあることなどを書き記した上で，次の主張について考察する．

「喜びをもたらすものは，音楽に広がる秩序ではないだろうか」

そこでオイラーは，それまで説明していた和声 (harmonie) という第一の秩序を取り上げる．すなわち，オクターブ (1:2)，5度 (2:3)，長3度 (2^2:5) といった協和音たちが産み出す秩序であるという．なお，最初の音階をCとすれば，C:c:G:E=4:8:6:5によって，この3つの協和音が表現される．2, 3, 5という素数が全て用いられていることに注意する．

さらにオイラーは，第二の秩序を産み出す拍子 (mesure) を取り上げる．拍子をより広い意味に取れば，オイラーが述べる音楽の秩序とは，

ハーモニーとリズム

ということになる[4]．確かに物理的な音としては，さまざまな周波数の音の組み合わせとそれらの継続時間（振幅の変化）によって表現されるため，ひとまずはこれで十分である．

しかしながら，オイラーはこれらの秩序による均整 (proportion) だけでは，音楽の喜びはもたらされないと述べる．均整の上に，ある種の

プラン

が音楽の喜びには必要であると主張する[5]．音楽の鑑賞家は，その作曲家が描いた美しいプランを理解したとき，喜びによる満足感を味わうことができると述べる．

---

[4] 通常はメロディーを加えて音楽の3要素と呼ばれている．

[5] 正確にはプランまたはデザイン (plan ou dessein)．

そしてオイラーは，その感情を素晴らしいパントマイムによってもたらされる感情にたとえる．身振りや手振りによって，演者が意図した会話や情景のプランを理解したとき，我々は満足感を味わうことができるという．

さらにオイラーは，王女を楽しませた冒頭の謎について以下のように述べている．

「もしその謎の意味を推測し，それが謎の問題の中に完全に表現されていることを発見したとき，発見の大いなる喜びを感じる」

おそらくオイラーは，謎解きの大いなる喜びを何度も味わっていたのだろう．どのような謎解きを楽しんでいたのだろうか．

Generis Exponens $2^m \cdot 3^1 \cdot 5^1 \cdot 7$.

Signa Sonor.	Soni.	Log. Sonor.	Interualla.	
F	2^{12}	12,00000		
Fs*	$2^1 \cdot 3 \cdot 5^1 \cdot 7$	12,03617	0,03617	512:525
Fs	$2^{11} \cdot 3^1 \cdot 5$	12,07681	0,04064	35:36
G*	$2^9 \cdot 5 \cdot 7$	12,12928	0,05247	27:28
G	$2^9 \cdot 3^2$	12,16992	0,04064	35:36
Gs*	$3^1 \cdot 5^1 \cdot 7$	12,20610	0,03618	512:525
Gs	$2^6 \cdot 3 \cdot 5^2$	12,22882	0,02272	63:64
A*	$2^4 \cdot 3^2 \cdot 5 \cdot 7$	12,29921	0,07039	20:21
A	$2^{10} \cdot 5$	12,32193	0,02272	63:64
Bb	$2^3 \cdot 3 \cdot 7$	12,39232	0,07039	20:21
B	$2^1 \cdot 3^2 \cdot 5^2$	12,39874	0,00642	224:225
H*	$2^5 \cdot 5^2 \cdot 7$	12,45121	0,05247	27 28
H	$2^7 \cdot 3^2 \cdot 5$	12,49185	0,04064	35:36
c*	$2^3 \cdot 3^2 \cdot 7$	12,56224	0,07039	20:21
c	$2^{11} \cdot 3$	12,58496	0,02272	63:64
cs*	$2^1 \cdot 3^1 \cdot 5^1 \cdot 7$	12,62114	0,03616	512:525
cs	$2^1 \cdot 5^2$	12,64386	0,02272	63:64
db	$2^6 \cdot 3 \cdot 5 \cdot 7$	12,71425	0,07039	20:21
d	$2^7 \cdot 3^1$	12,75489	0,04064	35:36
ds*	$2^{10} \cdot 7$	12,80736	0,05247	27:28
ds	$2^1 \cdot 3^2 \cdot 5^2$	12,81378	0,00642	224:225
e*	$2^3 \cdot 3^1 \cdot 5 \cdot 7$	12,88417	0,07031	20:21
e	$2^9 \cdot 3 \cdot 5$	12,90689	0,02272	63:64
f*	$2^7 \cdot 3^1 \cdot 7$	12,97728	0,07031	20:21
f	2^{13}	13,00000	0,02272	63:64

オイラーの 24 音階の周波数 (E033, p.164)

―― オイラー周辺の人々 7 ――

ヨハン・ゼバスチャン・バッハ（1685 – 1750）

18世紀に活動したドイツの作曲家であり，オルガンの名手として知られていた．それまでにあった音楽を集大成し，さらに洗練させた「近代音楽の父」である．バロック以前の対位法的なポリフォニー音楽および古典派以降の和声的なホモフォニー音楽という2つの形式の音楽スタイルにまたがっている．

8　偉大なる飛躍 －波－

－耳に対する音楽は目に対する絵画のように思える－

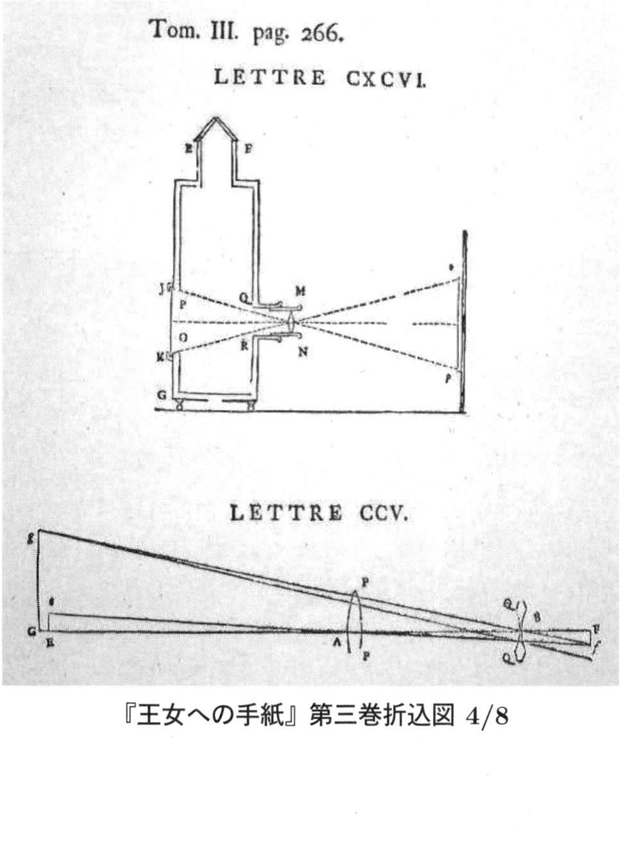

『王女への手紙』第三巻折込図 4/8

8.1　最初の難関

　謎解きにおける最初の難関は、「その謎に気付けるかどうか」にある．謎があることを示す奇妙な現象を発見するためには，出題者が要求する知識と洞察力が必要となる．

　ところが，出題者が謎を隠したことを明らかにすれば，この難しさは消え失せてしまい，あとは明示された問題を解くことだけが残る．この場合，解答の存在が明らかになるために，問題はずっと易しくなってしまう．

> これを数学の問題でたとえてみよう．証明できる無名の命題を同じ力量の二人の学者に見せる．一方には「これは証明できる命題だ」と言う．もう一方には「これは正しいか否か分からない命題だ」と言う．どちらが早く証明を発見するだろうか．

> これを将棋の問題でたとえてみよう．詰みのある実戦の局面を同じ棋力の二人の棋士に見せる．一方には「これは詰みのある局面だ」と言う．もう一方には「これは勝負の行方が分からない局面だ」と言う．どちらが早く詰みを発見するだろうか．

　問題が簡単であれば，両者ともすぐに解答を発見できるだろう．しかし問題が難しくなればなるほど，後者は前者よりも解答の発見がずっと難しくなる．解答があるかどうかの情報が，解答にたどりつく難しさを大きく変えてしまう．

　ただし，後者であっても自力で解答を発見しさえすれば，出題者の意図を理解してそれが問題であったことに気付くかもしれない．一方で問題を解くことをあきらめた人々は，出題者の意図を理解できないためにそれは問題ではないと考えるだろう．

　それでは，どちらが正しいのか．この答えは決定できる．な

ぜならば，この問題の出題者は実際にいて，その正解を知っているからである．しかし，出題者が不明であるときは，正否の判定は極めて難しいものとなる．

これを物理学に関わる問題でたとえてみよう．地球上に住む人間は，耳や目を用いて様々な情報を得ながら，太陽や月などの星々の恵みを受けて生活している．人間が感知するこれらの外界の現象は，空間，音，光，重力などといった物理学の対象として説明される．さらにその説明には，数，関数，グラフ，方程式などの数学が用いられている．

その一方で，「生活のあらゆる場面に数学がある」と常に考えている一般の人は稀だろう．日常生活のいったいどこに数字や数式が記されているのか．そういった説明は，科学者のこじつけではないのか．一方で多くの科学者は，完全なこじつけだとは思いたくないはずだ．それらは近似的には正しい説明になっていると考えたいだろう．

それでは，どちらが正しいのか．この答えは不明である．なぜならば，この問題の出題者は実際にいるかどうか分からず，正解があるかどうかも不明だからである．ただ多くの科学者は，こじつけにしてはあまりにもうまく出来すぎていると思っている[1]．

8.2 音の正体

『ドイツ王女への手紙』の9〜16通目の手紙では，音楽の話題に引き続いて，音を伝達する空気の性質の話題が述べられている．空気には重さや弾性があること，その応用として空気銃や大砲の原理が記される．

---

[1] ジョン・D・バロウ『宇宙に法則はあるのか』参照．

大砲の火薬の説明は，以下のようなものである．「大砲の火薬はその細孔に極めて濃縮された気体を含む物質に他ならない．… 火力によってこの細孔が壊されて，それらの細孔から気体が強力な力を持って急激に飛び出し，空気銃のように砲弾や銃弾を推し進める」

火力によって固体から気体が衝撃をともなって急激に発生する現象の解釈であるが，ここで注意しておかねばならないのは，『王女への手紙』が著された年代には，化学的な現象の理解はほとんど進んでいなかったことである．「近代化学の父」と呼ばれるラヴォアジェ（1743–1794）の業績は，1774年の質量保存の法則，1777年の酸素結合による燃焼の説明，1789年の33の元素表などが挙げられるが，いずれも『王女への手紙』の出版の後である．

したがって，オイラーが『王女への手紙』の中で火薬の爆発反応を元素記号や化学式などを用いて説明することは不可能であり，それでもなお説明しようとすれば，たとえを使わざるを得ない[2]．

オイラーの説明を好意的にとらえてみよう．火薬から発生する窒素や二酸化炭素などの構成元素は，化学結合力によって気体の状態よりも密度の高い固体の状態にあった．それを細孔に閉じ込められていたと考えるのは，それほど悪くないたとえに思える．つまり，細孔は化学結合力のたとえになる．

逆に，オイラーの説明を批判的にとらえてみよう．そうすると，火薬のどこに実際の細孔を見つけることが出来るのか，化学的な反応の説明が全くないのはおかしい，などの問題点が見えてくる．オイラーの説明は完全に空想上のお話に思える．

このように，たとえを批判することは難しくない．それは主要項が一致する近似値や近似解のようなもので，一致しな

---

[2] 黒色火薬が気体を生成する反応は，例えば $2KNO_3 + S + 3C \rightarrow K_2S + N_2 + 3CO_2$ （＋衝撃）がある．

い部分は必ずある．一致しない部分を主要な性質だと思い込めば，たとえは成立しない．

8.3 光の正体

17〜44 通目までの手紙では，光に関するさまざまな話題が述べられている．まず最初に，次の根本的な問いが投げかけられる．

「太陽光線とは何か」

オイラーはこの問いに答える前に，二つの説を紹介する．第一説は，太陽自身の極めて小さな物質が発せられ，そのまま我々に到達しているという考え方である．第二説は，耳が受け取るベルの音のようなものだという考え方である．この場合，ベルそのものの物質は我々に到達していない．

最初の現代的な哲学者デカルト (1596–1650, Descartes, le premier des Philosophes modernes) の学説は第二説に分類され，次のように説明される[3]．「全宇宙は第二の元素と呼ばれる小球からなる物質で充たされており，太陽の連続的な激しい揺れがその小球に伝わり即座に全宇宙に伝達される」

かの偉大なるニュートン (1642–1727, le grand Newton) の学説は第一説に分類され，次のように説明される．「光線が実際に太陽自身から飛び出し，その極めて微小な光の粒子が信じられないほどのスピードで放たれて，太陽から我々まで 8 分かかって運ばれてくる」

オイラーは，光を粒子とするニュートン説の難点を説明して，20 通目の手紙で第二説に従った以下の主張を述べる．

---

[3] 小林道夫『デカルト哲学の体系』参照.

「光とはエーテルの粒子の動揺あるいは振動に他
ならない」

LETTRE XX.

Pour ce qui regarde la propagation de la lumie-
re par l'éther, elle se fait d'une maniere sem-
blable à la propagation du son par l'air; & comme
un ébranlement causé dans les particules de l'air
constitue le son: de même un ébranlement causé
dans les particules de l'éther constitue la lumiere ou
les raïons de lumiere, de sorte que *la lumiere n'est
autre chose, qu'une agitation ou ébranlement causé
dans les particules de l'éther*, qui se trouve par tout,
à cause de l'extrême subtilité avec laquelle il péne-
tre tous les corps.   Cependant ces corps modifient

最大の問題は，オイラーの言うエーテルの正体だろう．オ
イラーによると，それはあらゆるところにあって，極めて微
かであり，光に関して驚くべき弾性をもつものである．光の
透過や音速の 90 万倍という驚くべき光の速度から，これらの
性質を推測している[4]．

21〜36 通目の手紙では，光の色や視覚について丁寧に述べ
られている．太陽光は，空気からガラスに入射するとさまざ
まな色の光に分かれることが，以下の図で示される．

---

[4] 3 通目の手紙で音速を秒速 1000 フィート（秒速 300m 強）としている．
海水上気温での実際の音速は約 340m/s である．

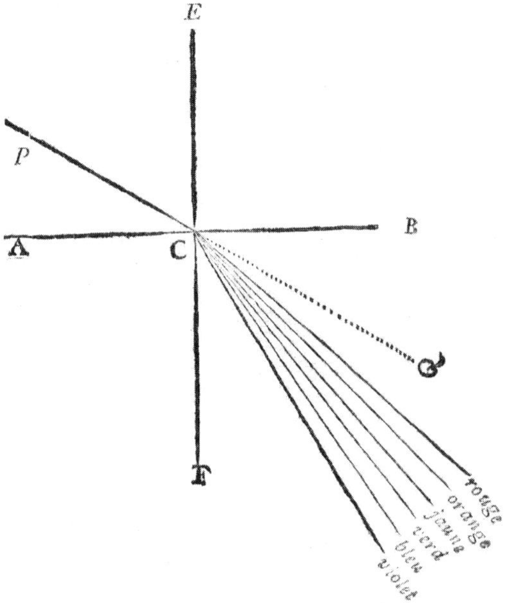

第 8 章　偉大なる飛躍　105

そして，これらの色を振動数が異なる波によって説明して，7
つの音階を7色の光に対応させている．ここで，6色に pourpre
が加えられて7色（緋赤橙黄緑青紫）となっていることに注
意する．

C.	D.	E.	F.	G.	A.	B.
pourpre.	rouge.	orange.	jaune.	verd.	bleu.	violet.

　このように音階に対応させると，後から加えられたのが C
であり，残りの音階を3和音 DFA，EGB によって分ければ，

$$1+6=7=3+1+3$$

となることに注意しておこう.

さらに, このような音階と色を対応させた光のハープシコードを説明したあとで, オイラーはこう述べている.

「私にとって, 耳に対する音楽はむしろ目に対する絵画のように思える」

結局オイラーの主張とは, 光は音にたとえられるということだろう. すなわち, 音には速度があり, 振動数によってその高低が変化するが, それと同様に, 光にも速度があって, 振動数によってその色が変化する. 音を伝える媒質は空気などの物質になるが, 光を伝える媒質は正体不明だがエーテルと呼ぶ.

それでは実際のところ, 光の正体とは何なのだろう. ひとまずここでは, 波としての説明 (たとえ?) をひとつ記しておく.「空間そのものに備わった電磁場の変化による一種の波であり, 物質のない真空中でも伝達される」

300年前の学者は, この説明をどう思うのだろう.　300年後の学者は, この説明をどう思うのだろう.

8.4　光の応用

人間は, 光から多くの情報を受け取っている. さらに多くの情報を得るためには, 鏡やレンズを利用する方法がある. 37〜38通目の手紙では, 平面鏡, 凹凸面鏡, 集光鏡による光の反射が説明され, その後にレンズによる光の屈折の説明が続く.

39通目の手紙でオイラーは, 下図のように厚さの異なる7種の円形レンズを示す. I は平面レンズであるが, 基本的にレンズは大きく2種類のレンズに分けられるとして, 交互にII,IV,VI を凸レンズ, III,V,VII を凹レンズに分類している.

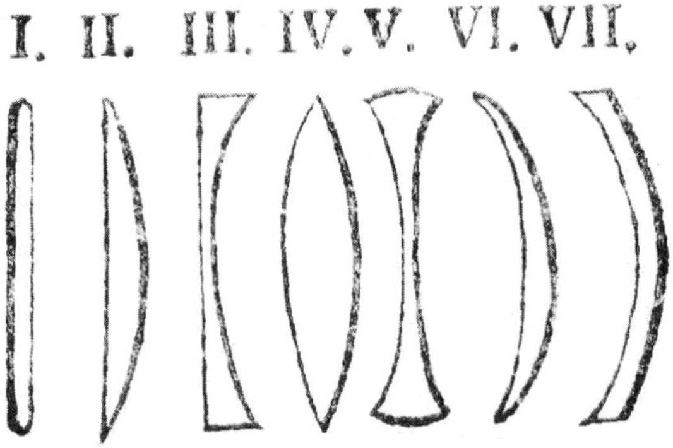

第 8 章　偉大なる飛躍　107

I. II. III. IV. V. VI. VII.

前節のように，ここでもまたレンズの種類によって，

$$1 + 6 = 7 = 3 + 1 + 3$$

と分かれるわけである.

　凸レンズの対象と像の関係および凹レンズの対象と虚像の
関係は，次ページの図で示される. 凸レンズの場合，像は対
象の逆側に逆方向の像として，実際にその場所に現れる. 凹
レンズの場合，虚像は対象と同じ側に同方向の像として，あ
たかもその場所にあるかのように現れる.
　一方，凸レンズ・凹レンズのいずれの場合も，対象の大き
さと像の大きさの比は，レンズから対象までの距離とレンズ
から像までの距離の比で与えられると述べる. そして，これ
らのレンズの性質が顕微鏡，望遠鏡，眼鏡の製作の基礎になっ
ていると締めくくる.

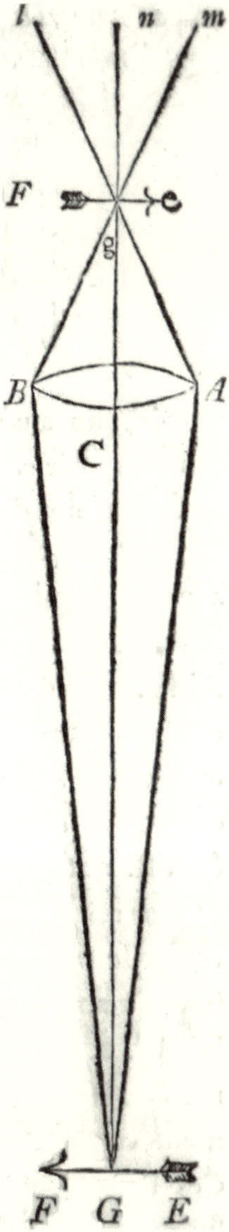

108

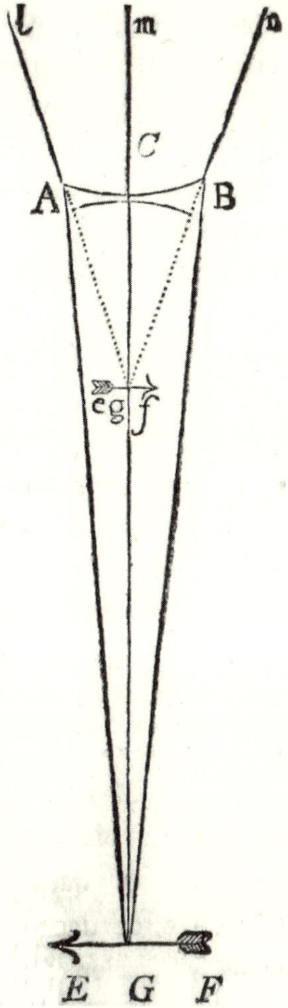

第8章　偉大なる飛躍　109

　40通目の手紙では，集光レンズについて説明する．遥か彼
方にある太陽からの光線は，対象とは逆側のある一点，すな
わち焦点に集まる．さらに，対象と像の関係を以下の図でよ
り詳しく示している．

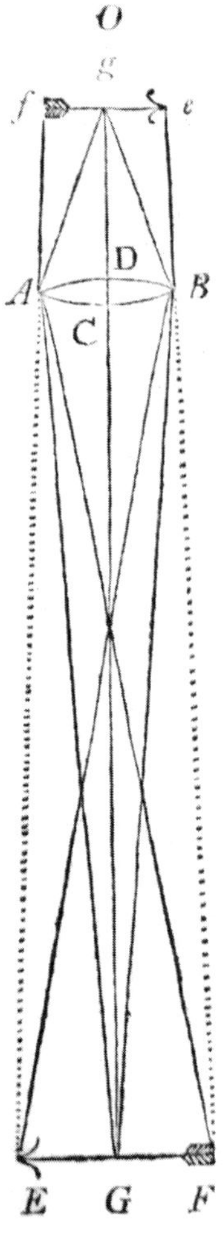

オイラーは，画家がこの性質を用いた装置を景色や風景を描くときに利用していると締めくくる.

41〜44通目の手紙では，オイラーは目の構造とその機能を説明する．目の基本的な原理は凸レンズと全般的に同じとしながらも，その仕組みの見事さを大いに称える.

「この称賛すべき主題は何と美しいことか！ダビデ王（le Psalmiste）が次の重要な主張をしたのももっともである．"目を造ったものが見ないだろうか？耳を植えたものが聞かないだろうか？"」

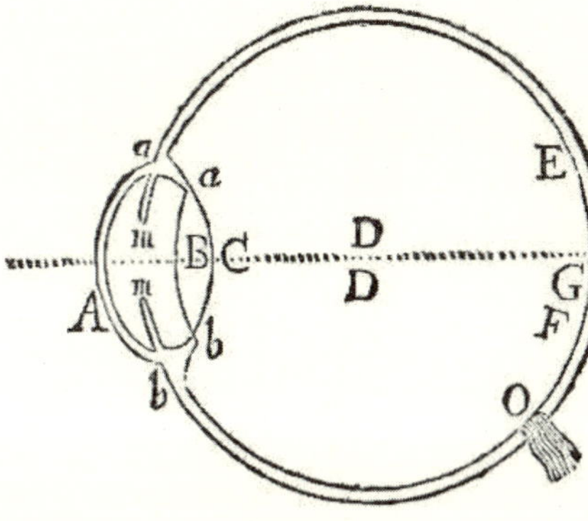

これは詩篇94第9節からの引用である．なお，フランス語でpsaume，ラテン語でpsalmは，旧約聖書の詩篇や弦楽伴奏による歌を意味する.

オイラー周辺の人々 8

アントワーヌ＝ローラン・ド・ラヴォアジェ
(1743 – 1794)

フランス，パリ出身の化学者．1774年の質量保存の法則
を発見に続き，1777年に物質と酸素の結合が燃焼である
と説明した．1782年にはラプラスとの共同で呼吸の実験
を行う．1789年には『化学原論』で33の元素表を示し，
近代化学の革命を成し遂げた．ラグランジュが革命裁判
で死刑となったラヴォアジェを「彼の頭を切り落とすの
は一瞬だが，彼と同じ頭脳を持つものが現れるには100
年かかるだろう」と惜しんだとされる．

9 輝く図形 －正接と余接－

－その正接に等しい全ての円弧を見出せ－

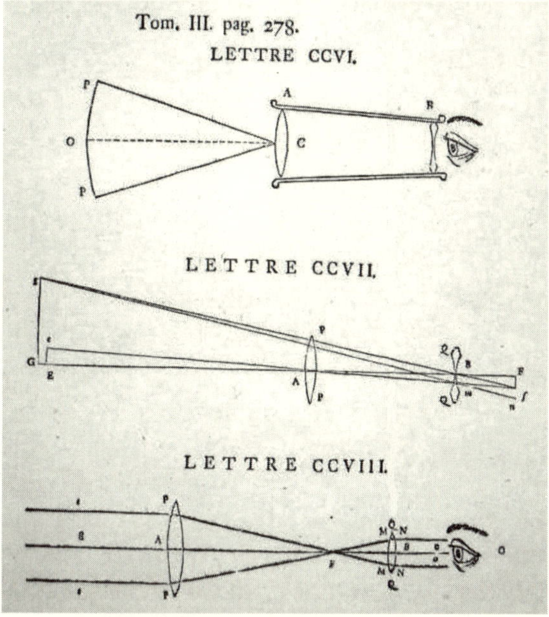

『王女への手紙』第三巻折込図 5/8

9.1 円周率 π の表示

3. 141592653589793238462643383279502884197169399375105820974944592307816406286208998628034825342117067982148086513 7 23066470938446 · · ·

紀元前2000年頃, 古代バビロニア人および古代エジプト人は, π の近似値としてそれぞれ

$$3 + \frac{1}{8} = 3.125,$$

$$3 + \frac{13}{81} = 3.16049 \cdots$$

を得ていたという.

紀元前5世紀頃には, 古代ギリシャの自然哲学者アナクサゴラスが円積問題に取り組んだとされる. すなわち, 定木とコンパスのみを用いて, 半径1の円の面積と同じ面積の正方形を求められるか否かという問題である. 正方形の一辺を l とすれば,

$$l^2 = \pi \iff l = \sqrt{\pi}$$

を求めることになる. 後で説明するように, この問題は二千数百年後に否定的に解決される.

紀元前3世紀頃には数学者アルキメデスが円に内外接する正 3×2^5 角形との比較から,

$$3.14084 \cdots = 3 + \frac{10}{71} < \pi < 3 + \frac{1}{7} = 3.14285 \cdots$$

を求め, 2世紀頃には天文学者プトレマイオスが,

$$3 + \frac{17}{120} = \frac{377}{120} = 3.14166 \cdots$$

を用いた.

　中国やインドでも正多角形との比較から π の近似値が求められた. 5世紀頃の中国の天文学者祖沖之らおよび6世紀頃のインドの数学者アールヤバタはそれぞれ

$$\frac{355}{113} = 3.1415929\cdots$$

$$\sqrt{9.8684} = 3.1414009\cdots$$

という値を求めている. 他方, 中世を通じて

$$\sqrt{10} = 3.162277\cdots$$

という近似値が広く用いられた. 精度は低いものの, 覚えやすく使いやすい近似値である. 約 0.7 パーセント程度の誤差であり, 日常で用いる値としては問題は少ない.

　実は, 上記のように有限個の有理数やその平方根をいかに組み合わせても, 円周率は正確には表示できない. それは, 円積問題が解けないこととほぼ同じ理由による.

　ところが, 表示できないことが証明された後でも, インドの天才計算家ラマヌジャン (1887–1920) は次の近似値たちを与えている[1].

$$\left(3^4 + 2^4 + \frac{1}{2 + \left(\frac{2}{3}\right)^2}\right)^{\frac{1}{4}} = 3.14159265262\cdots$$

$$\frac{9}{5} + \sqrt{\frac{9}{5}} = 3.14164\cdots$$

---

[1] Berndt 『Ramanujan's Notebooks Part IV』 p.48 . 最初の近似値の最終 2 桁は 58 が正しい.

第 9 章　輝く図形　115

$$\frac{63}{25}\frac{17+15\sqrt{5}}{7+15\sqrt{5}} = 3.14159265380\cdots,$$

$$\frac{7}{3}\left(1+\frac{\sqrt{3}}{5}\right) = 3.14162\cdots$$

$$\frac{19}{16}\sqrt{7} = 3.14180\cdots$$

$$\frac{355}{113}\left(1-\frac{0.0003}{3533}\right) = 3.14159265358979432\cdots.$$

これらの等式の背景には，楕円関数や連分数などの話題がある．それにしても，なぜ彼はこのような数値を書き残したのだろうか．

9.2　三角関数の表示

『無限解析入門』第 1 巻第 8 章では，円周率の表示に引き続き，三角関数の記号が定められている．

> 「円の任意の弧を z で表そう．ただし，円の半径は常に 1 に等しいという前提があるものとする．普通，主としてこの弧 (Arcus) の正弦 (Sinus) と余弦 (Cosinus) を考察するのが習わしになっている[2]．そこで，今後，この弧 z の正弦を $\sin \mathrm{A}.z$ あるいは単に $\sin z$ と表すことにし，余弦のほうは $\cos \mathrm{A}.z$ あるいは単に $\cos z$ と表すことにしよう」

『無限解析入門』第 1 巻では，三角関数の記号は二千数百回も現れる．ところが，$\sin z$ ではなく $\sin \mathrm{A}.z$ といった記号は，

---

[2] sinus: 湾曲，くぼみ，ひだ，胸.

上記の 2 回を除くとたった 4 回しか現れない[3]．この 4 回とは，$\sin \dfrac{m}{n}\dfrac{\pi}{2}$, $\cos \dfrac{m}{n}\dfrac{\pi}{2}$, $\tan \dfrac{m}{n}\dfrac{\pi}{2}$, $\cot \dfrac{m}{n}\dfrac{\pi}{2}$ の無限級数表示－ただし係数は近似値－においてである．これらの大変珍しい記号をまとめて記しておこう．

$$\textit{fin.}\ \textrm{A.}\ \frac{m}{n}\ 90° \qquad\qquad \textit{cof.}\ \textrm{A.}\ \frac{m}{n}\ 90°$$

$$\textit{tang.}\ \textrm{A.}\ \frac{m}{n}\ 90° \qquad\qquad \textit{cot.}\ \textrm{A.}\ \frac{m}{n}\ 90°$$

第 8 章では，正接と余接の正確な無限級数表示は記されない．もし表示すれば，以下のようにベルヌーイ数を含む複雑な有理数が登場する．

$$\begin{cases} \tan v = \dfrac{\sin v}{\cos v} \\[2mm] \quad = v + \dfrac{v^3}{3} + \dfrac{2v^5}{15} + \dfrac{17v^7}{315} + \dfrac{62v^9}{2835} + \dfrac{1382v^{11}}{155925} + \cdots . \\[2mm] \cot v = \dfrac{\cos v}{\sin v} \\[2mm] \quad = \dfrac{1}{v} - \dfrac{v}{3} - \dfrac{v^3}{45} - \dfrac{2v^5}{945} - \dfrac{v^7}{4725} - \dfrac{2v^9}{93555} - \dfrac{1382v^{11}}{638512875} - \cdots . \end{cases}$$

『無限解析入門』で最初にベルヌーイ数を含む有理数が登場するのは，ゼータ関数の特殊値においてである．

9.3　超越方程式

『無限解析入門』の最終章に当たる第 2 巻の 22 章では，円の性質に関連する 9 つの問題 (Problema) とその解答 (Solutio)

---

[3] 第 2 巻では，第 21 章の「超越的な曲線」において，この記号が 10 回現れる．

第 9 章　輝く図形　117

が示されている.

　問 IX を除く 8 つの問題に対しては，三角関数を含んだ超
越方程式を立てたあとで，対数と三角関数の数値表を用いて，
「挟みうち」を繰り返して近似値を求めている[4].

　ここでは，オイラーが示した図，超越方程式，そして近似
解を列挙しよう.

問 I

その余弦に等しい円弧を見出せ (Invenire).

P R O B L E M A I.

Invenire Arcum Circuli, qui fit fuo Cofinui aqualis.

S O L U T I O.

（図なし）

解：円弧を s とする.

　　　　超越方程式: $s = \cos s$.
　　　　近似解: $s = 42°, 20', 47'', 15'''$.　Q.E.I.

---

[4] 三角関数といった超越関数を含むような代数的でない方程式は，超越方
程式と呼ばれる.

問 II

弦 AB により，大きさの等しい二つの部分に分けられる扇形 ACB，すなわち三角形 ACB と弓形 AEB の大きさが等しくなる扇形 ACB を見出せ (Invenire).

PROBLEMA II.

Invenire Sectorem Circuli ACB, *qui a Chorda* AB *in duas partes aquales secetur, ita ut Triangulum* ACB *aquale sit Segmento* AEB.

SOLUTIO.

Fig. 112.

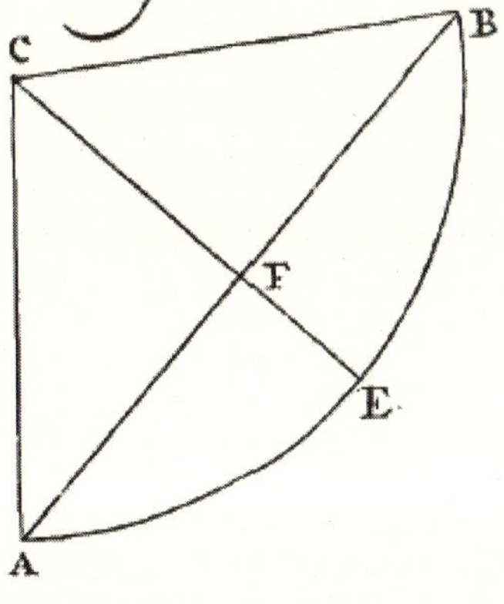

解：AEB= $2s$ とする.

超越方程式: $s = \sin 2s$.

近似解: $s = 54°, 18', 6'', 52''', 43'''', 33'''''$.　　Q.E.I.

第9章 輝く図形 119

問 III

円の四分の一部分 ACB において，その面積を二つの
等しい部分に切り分ける正弦 DE を引け．

PROBLEMA III.

In quadrante Circuli ACB *applicare Sinum* DE *qui Aream
quadrantis in duas partes aquales bisecet.*

SOLUTIO.

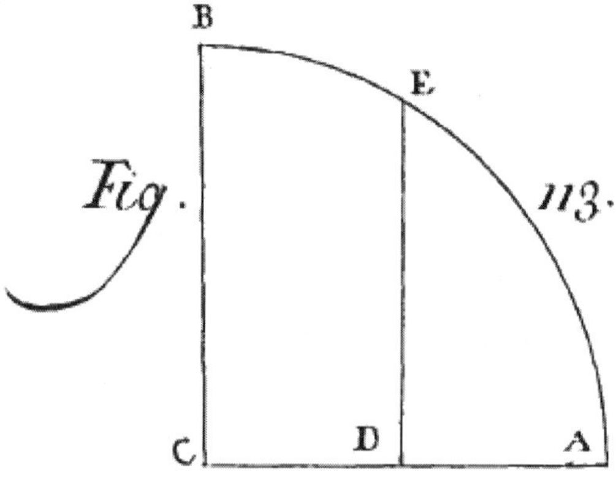

Fig. 113.

解：円弧 AE$= s$ とする．

超越方程式：$s - \frac{1}{4}\pi = \frac{1}{2}\sin 2s$.

近似解：$s = 66°, 10', 23'', 37'''$.　Q.E.F.

問 IV

半円 AEDB が提示されたとし，点 A を始点として，
この半円を二等分する弦 AD を引け．

PROBLEMA IV.

Proposito semicirculo AEDB *ex puncto* A *educere Chordam*
AD *quæ Aream semicirculi in duas partes æquales secet.*

SOLUTIO.

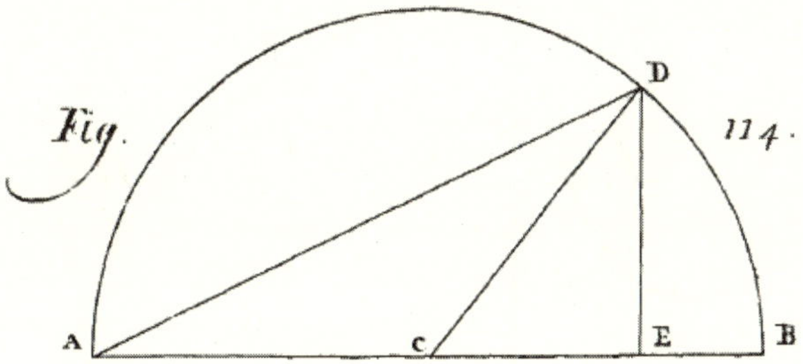

Fig. 114.

解：円弧 AD$= s$ とする．

超越方程式: $s - \sin s = \frac{1}{2}\pi$.

近似解: $s = 132°, 20', 47'', 14'''$.　Q.E.F.

第9章　輝く図形　121

問 V

円周上の点 A から出発して，円の面積が三等分され
るように，二本の弦 AB,AC を引け.

PROBLEMA V.

Ex puncto Peripheriæ A educere duas Cordas AB, AC, quibus area Circuli in tres partes æquales dividatur.

SOLUTIO.

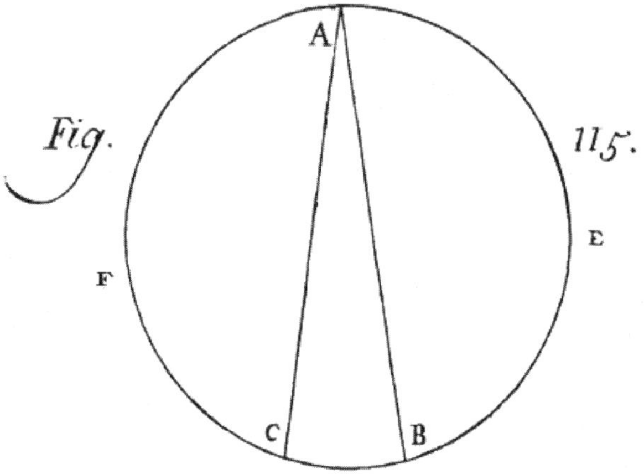

Fig. 115.

解：円弧 AB=AC= s とする.

超越方程式：$\frac{1}{2}s - \frac{1}{2}\sin s = \frac{\pi}{3}$.

近似解：$s = 149°, 16', 27'', 0'''$.　Q.E.F.

問 VI

半円 AEB において，その正弦 ED を引いて円弧 AE が線分の和 AD+DE に等しくなるように，円弧 AE を切り取れ.

PROBLEMA VI.

In femicirculo AEB *Arcum* AE *abfcindere, ita ut, ducto ejus Sinu* ED, *Arcus* AE *fit aqualis fummæ rectarum* AD + DE,

SOLUTIO.

Fig. 116.

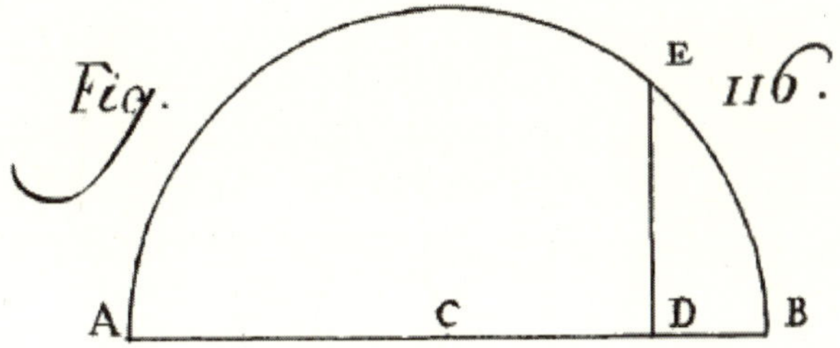

解：円弧 BE$=s$ とする.

超越方程式：$\pi - s = 1 + \cos s + \sin s.$

近似解：$s = 41°, 48', 7'', 0'''.$ Q.E.F.

第 9 章　輝く図形　123

問 VII

　その大きさが半径 AC と接線 AE と割線 CE で囲まれる三角形 ACE の半分になるように，扇形 ACD を切り取れ．

PROBLEMA VII.

Abscindere Sectorem ACD *, qui sit semissis Trianguli* ACE *a Radio* AC *, Tangente* AE *& Secante* CE *comprehensi.*

SOLUTIO.

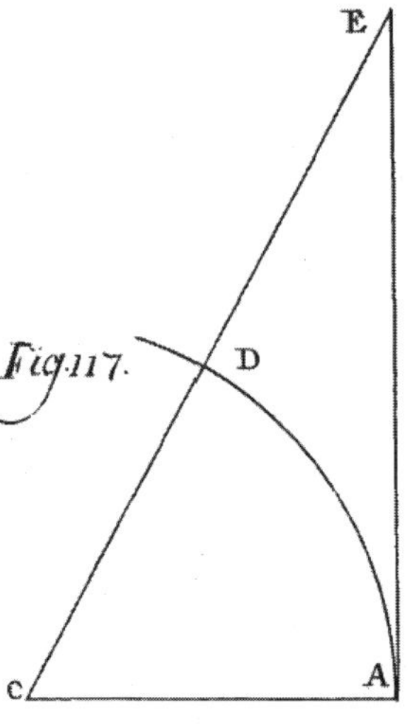

*Fig.*117.

解：円弧 AD$= s$ とする．

　　　　超越方程式: $2s = \tan s$.
　　　　近似解: $s = 66°, 46', 54'', 14'''$.　Q.E.F.

問 VIII

円周の四分の一の弧 ACB が提示されたとき，弦 AE を交点 F まで延長していくとき，その長さが等しくなる円弧 AE を見出せ (invenire).

PROBLEMA VIII.

Proposito Circuli quadrante ACB *invenire Arcum* AE, *qui aqualis sit Chordæ suæ* AE *ad occursum* F *usque productæ.*

SOLUTIO.

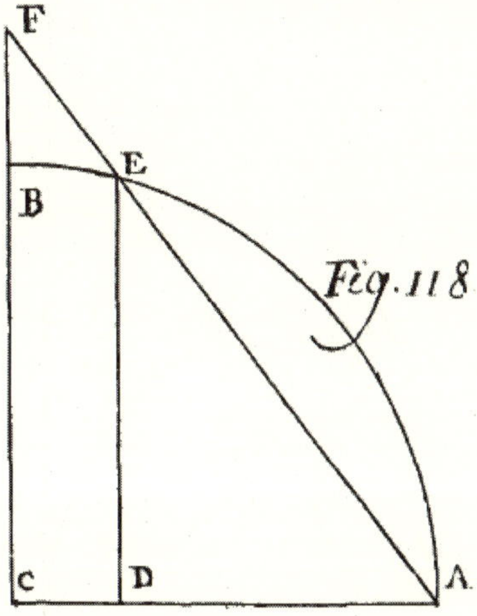

Fig. 118

解：円弧 AE= s とする.

超越方程式: $s \cdot \sin \frac{1}{2}s = 1$.

近似解: $s = 84°, 53', 38'', 51'''$.　Q.E.I.

第9章　輝く図形　125

問 IX

その正接に等しい全ての円弧を見出せ (Invenire).

P R O B L E M A   I X.

Invenire omnes Arcus, qui Tangentibus suis sint aequales.

S O L U T I O.

（図なし）

解 : 円周の四分の一の弧の長さを q とおいて，求める円弧を $(2n+1)q - s$ とする.

超越方程式: $(2n+1)q - s = \cot s = \dfrac{1}{\tan s}$.

10 個の近似解:

I.	1. $90°$	—	$90°$
II.	3. $90°$	—	$12°, 32', 48''$
III.	5. $90°$	—	$7, 22, 32$
IV.	7. $90°$	—	$5, 14, 22$
V.	9. $90°$	—	$4, 3, 59$
VI.	11. $90°$	—	$3, 19, 24$
VII.	13. $90°$	—	$2, 48, 37$
VIII.	15. $90°$	—	$2, 26, 5$
IX.	17. $90°$	—	$2, 8, 51$
X.	19. $90°$	—	$1, 55, 16$

オイラーは，問 IX に対してのみ「挟みうち」ではなく無限級数を用いて解答を与えている.

「一番はじめに登場するのは，無限に小さい円弧. 次に第二番目の円周の四分の一の弧では，正接が負だから存在しない. 第三番目の四分の一の弧には，270° よりわずかに小さい円弧がひとつ存在する. さらに，第五番目，第七番目 ••• の四分の

一の弧にも，そのような円弧がひとつ存在する．… より精密
には，

$$(2n+1)q - s = (2n+1)q$$
$$- \frac{1}{(2n+1)q} - \frac{2}{3(2n+1)^3 q^3}$$
$$- \frac{13}{15(2n+1)^5 q^5} - \frac{146}{105(2n+1)^7 q^7}$$
$$- \frac{2343}{945(2n+1)^9 q^9} - \cdots$$

という表示が見出される．

$$q = \frac{\pi}{2} = 1.5707963267948$$

であるから，求める円弧は，

$$= (2n+1)1.57079632679$$
$$- \frac{1}{2n+1}0.63661977 - \frac{0.17200817}{(2n+1)^3}$$
$$- \frac{0.09062596}{(2n+1)^5} - \frac{0.05892834}{(2n+1)^7}$$
$$- \frac{0.04258543}{(2n+1)^9} - \cdots \text{となる}\rfloor$$

最後の無限級数に $n = 0, 1, 2, 3 \cdots$ と代入すれば，円弧の近
似値が求まる．この級数の導出方法は記されていないが，次
のように求められる．

$$\text{超越方程式}: \frac{1}{(2n+1)q} = \frac{1}{s + \cot s} = f(s)$$

に対し，奇関数 $f(s)$ の逆関数を $f^{-1}(s)$ とする．

$$f^{-1}\left(\frac{1}{(2n+1)q}\right) = f^{-1}\left(\frac{1}{s+\cot s}\right) = f^{-1}(f(s)) = s$$

なので，$f^{-1}(s)$ の無限級数展開から，s が $\dfrac{1}{(2n+1)q}$ で書き下せることが分かる．そこで，奇関数である

$$f^{-1}(s) = As + Bs^3 + Cs^5 + Ds^7 + Es^9 + \cdots$$

の展開係数を求める．

$$
\begin{aligned}
f(s) &= \frac{1}{s + \cot s} = \frac{1}{s + \frac{1}{s} - \frac{s}{3} - \frac{s^3}{45} - \frac{2s^5}{945} - \cdots} \\
&= \frac{s}{1 - (-\frac{2s^2}{3} + \frac{s^4}{45} + \frac{2s^6}{945} + \cdots)} = s\frac{1}{1 - g(s)} \\
&= s(1 + g(s) + g(s)^2 + g(s)^3 + g(s)^4 + \cdots) \\
&= s - \frac{2}{3}s^3 + \frac{7}{15}s^5 - \frac{34}{105}s^7 + \frac{638}{2835}s^9 + \cdots
\end{aligned}
$$

なので，この奇数ベキ乗は，

$$
\begin{aligned}
f(s)^3 &= s^3 - 2s^5 + \frac{41s^7}{15} - \frac{2962s^9}{945} + \cdots, \\
f(s)^5 &= s^5 - \frac{10s^7}{3} + \frac{61s^9}{9} + \cdots, \\
f(s)^7 &= s^7 - \frac{14s^9}{3} + \cdots, \ f(s)^9 = s^9 + \cdots
\end{aligned}
$$

となる．したがって，これらの級数を次々に代入して，

$$
\begin{aligned}
&f^{-1}(f(s)) = s \\
&= Af(s) + Bf(s)^3 + Cf(s)^5 + Df(s)^7 + Ef(s)^9 + \cdots
\end{aligned}
$$

となるように定数 A, B, C, D, E を求めれば，

$$A = 1, \ B = \frac{2}{3}, \ C = \frac{13}{15}, \ D = \frac{146}{105}, \ E = \frac{2343}{945}$$

が得られる．

　ところで，問 IX を除く答えの最後には，二種類の略語が記されていることに気付く．

$$\text{I, II, VIII} \cdots \text{ Q.E.I.}$$
$$\text{III, IV, V, VI, VII} \cdots \text{ Q.E.F.}$$

これらの略語は,『無限解析入門』では最終章になって初めて現れたものであり,意味は以下の通りである.

Q.E.F. ＝ quod erat faciendum
＝これがなされるべき事柄であった.

Q.E.I. ＝ quod erat inveniendum
＝これが見出されるべき事柄であった.

この種の略語にはもうひとつ有名なものがある.

Q.E.D. ＝ quod erat demonstrandum
＝これが示されるべき事柄であった

9.4 超越数

オイラーは,『無限解析入門』の最後を,次のような興味深い言葉で締めくくっている.

「これらの問題が考案されたのは,主として円というものの本性をいっそう深く洞察しようとするためであった. ⋯問 VI の解では正弦 DE は 0.6665578 となったが,そうではなくてもし $0.6666666 = \dfrac{2}{3}$ となることが分かったとするなら,円のひとつの美しい性質が明るみに出されることになる. なぜならば,その場合,

$$\text{AD} + \text{DE} = 1 + \frac{2}{3} + \sqrt{\frac{5}{9}}$$

に等しい円弧 AE を描くことが可能になるからである. 今でもなお,この種の円の正方化は不可能

であることを明示する根拠は明らかにされていない．それに，もし何らかの根拠があるとしても，この問題を調べていくうえで，適切さという点において本章で開示した道筋よりまさっている手立ては存在しないのではないかと思われる」

species quædam quadraturæ Circuli haberetur. Scilicet, si in solutione Problematis VI. Sinus *DE*, qui prodit == 0,6665578, inventus fuisset == 0,6666666 == $\frac{2}{3}$, elegans certe Circuli proprietas innotesceret, Arcus quippe *AE* construi posset Lineæ rectæ *AD + DE* == 1 + $\frac{2}{3}$ + $\sqrt{\frac{5}{9}}$ æqualis. Nulla vero etiamnum ratio patet, quæ hujusmodi Circuli quadraturam impossibilem esse evincat: atque, si talis detur, nulla alia via, præter hanc, quam hoc Capite aperuimus, ad eam investigandam magis apta videtur.

円積問題で重要なのは，代数的数と超越数の区別である．代数的数とは，有理数係数の代数方程式

$$a_n x^n + a_{n-1} x^{n-1} + \cdots + a_2 x^2 + a_1 x + a_0 = 0$$

の解となる複素数であり，それ以外の数を超越数と呼ぶ．代数的数同士の和や積などは，代数的数であることが示される．例えば，1, $\sqrt{-2}$, $3 + \sqrt[5]{9}$ などは全て代数的数である．確かに，それぞれ $x - 1 = 0$, $x^2 + 2 = 0$, $x^5 - 15x^4 + 90x^3 - 270x^2 + 405x - 252 = 0$ の解になるからである．

なお，無限次の方程式は必ずしも超越方程式であるとは限らない．単純な例として，

$$-1 + x + x^2 + x^3 + x^4 + \cdots = 0$$

は無限次の方程式である．しかし，左辺を解析関数として拡張すると，$-2 + \dfrac{1}{1-x} = -\dfrac{2x-1}{x-1}$ という有理関数になり，結

局は $2x - 1 = 0$ という代数方程式に帰着される．こうして，$x = \dfrac{1}{2}$ という有理数解が得られる．

『無限解析入門』が出版されて 125 年後に，エルミート (1822–1901) は e が超越数であることを示した[5]．

エルミートの定理 (1873)

全てが 0 ではない任意の有理数 $a_1,\ a_2, \cdots, a_n$，相異なる任意の自然数 $b_1,\ b_2, \cdots, b_n$ に対し，

$$a_1 e^{b_1} + a_2 e^{b_2} + \cdots + a_n e^{b_n} \neq 0.$$

その 9 年後，リンデマン (1852–1939) はエルミートの結果と証明方針を利用して，以下の定理を示した．

リンデマンの定理 (1882)

全てが 0 ではない任意の代数的数 $a_1,\ a_2, \cdots, a_n$，相異なる任意の代数的数 $b_1,\ b_2, \cdots, b_n$ に対し，

$$a_1 e^{b_1} + a_2 e^{b_2} + \cdots + a_n e^{b_n} \neq 0.$$

この定理によって，π が超越数であることが分かる．すなわち，オイラーの等式は，

$$e^{\pi \sqrt{-1}} + 1 = 1 \cdot e^{\pi \sqrt{-1}} + 1 \cdot e^0 = 0$$

であり，中央の式のように $n = 2$，$a_1 = a_2 = 1$，$b_1 = \pi \sqrt{-1}$，$b_2 = 0$ と見る．すると，$a_1,\ a_2,\ b_2$ は全て代数的数だから，定

---
[5] 定理の左辺を $e = x$ で置き換える．

理から $b_1 = \pi\sqrt{-1}$ が代数的数ではないことになる．$\sqrt{-1}$ は $x^2 + 1 = 0$ の解なので代数的数だから，π が代数的数ではない．つまり，π は超越数である．

このことから，古代ギリシャ以来の難問であった円積問題は否定的に解決される．というのも，定木とコンパスのみで規則に従って求められる数は，有限個の有理数と加減乗除および平方根で表される特殊な代数的数であるためである．π や $\sqrt{\pi}$ は超越数なので，作図は不可能である．

エルミートやリンデマンの定理の証明では，19 世紀以降に発展した複素関数論や代数的数論が駆使された[6]．円積問題に対して関数論の発展を目指したオイラーの基本的な方針は当たっていたが，ゴールにはまだ遠かったのではないだろうか．

それにしても，オイラーが『無限解析入門』の最後に書き残した数値は何とも興味深い．

$$AD + DE = 2.412011\cdots$$
$$1 + \frac{2}{3} + \sqrt{\frac{5}{9}} = 2.412022\cdots.$$

代数的数が超越方程式の解に近似する[7]．

オイラーやラマヌジャンのような計算家が計算そのものを心から楽しむ理由が，ここにあるのだろう．

---

[6] 三井『解析数論』第 1 章を参照（専門家向け）．
[7] $t = f(s) = 1 + \cos s + \sin s$ とすると，超越方程式：$\pi - f^{-1}(t) = t$ の解が $AD + DE$ となる．

オイラー周辺の人々 9

アイザック・ニュートン（1643– 1727）

イングランドの科学者. 古典力学を確立した近代物理学の祖であり, 数学においても極めて大きな業績を残している. オイラーも『王女への手紙』の中でニュートンの知識と洞察力に多大なる敬意を表している. 重力の原因に関しては, 半機械論的な「エーテル媒質」による説明も考えていたが, 後に「遠隔作用による重力」という概念に到達した. 錬金術や神学なども研究しており, これらの研究には密接な関係があると考えられている.

10 未知への飛躍 －重力－

－無知を認めることに慣れる必要がある－

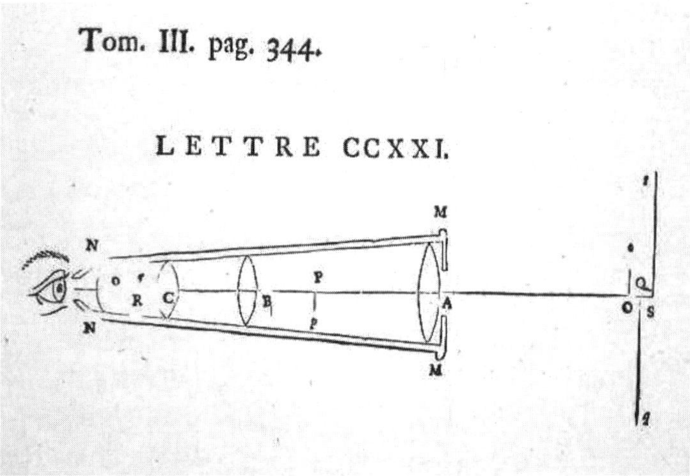

『王女への手紙』第三巻折込図 6/8

10.1 重力の発見

重力－それは，音よりも光よりも微かであって，正体を見抜くことが難しく，しかも全ての物体の間に働いている力である[1].

『ドイツ王女への手紙』第1巻の45通目以降では，この重力の話題が主に述べられている．52通目では，かの偉大なるニュートンによる重力の発見が詳しく語られる．重力の発見のきっかけがリンゴ (pomme) の落下にあったという有名な話であるが，この話自体は創作の部分が多いと考えられている．けれどもここでは，その正否は問題にせず，オイラーがどのようにこの話を伝えたのかに注目しよう．

「ある日のこと，リンゴの木の下で寝そべっていたニュートンの頭の上にリンゴが落ちてきた．このリンゴが，彼にいくつかの考察の機会をもたらしたのである．すぐに彼は，リンゴが落ちた原因は枝の力を超えるリンゴの重さにあると考えた．誰であろうと同じような考えを抱くだろう．けれども彼はさらに追及した．リンゴの木の枝がもっと高くても，この力は常にリンゴに働くのだろうか．それは間違いないと彼は考えた．

しかし，もしそれが月の高さに等しくなったとすればどうだろう．ここで彼はリンゴが落ちるかどうか迷った．もし落ちるとすれば，月にも同じ力がかかるのだから月も落ちるはずだ．それにもかかわらず，月は自分の頭の上に落ちてこない．そこで彼は，爆弾 (bombe) が垂直に落ちないで通り過

---

[1] 質量が 0 の場合を除く.

第10章　未知への飛躍　135

ぎていくように，月が運動しているため落ちない
のではないかと推測した．この爆弾の運動と月の
運動との比較が，彼の注意深い考察を決定づけた．
そして，最も崇高なる幾何学の助けによって，彼
は月の運動が爆弾と同じ法則によることを発見し
たのである．すなわち，もし月と同じ高さと同じ
速度で爆弾を飛ばすことができれば，それは月と
同じ運動をする．異なるのは，その場所での爆弾
の重さが地球上での重さよりもずっと小さいこと
である．以上の詳細から，この哲学者の最初の推
論は極めて単純であったことが分かるだろう．そ
れは無教養な者の推論とほとんど変わらない．け
れどもすぐに彼は，そのレベルをはるかに超えて
推論を進めた．それは，地球の近くにある物体だ
けではなく，月のように遠くにある物体にまで備
わっている地球の中心に向かうという注目すべき
性質である．しかもそれは，物体が地球を離れるに
したがって次第に小さくなる．このイングランド
の哲学者はそこで留まらなかった．彼は他の惑星
も完全に地球に類似していることを知っていたの
で，それぞれの惑星にもその中心に物体が向かう
という性質－重力があると推論した．その重力は
地球上よりも大きかったり小さかったりするだろ
う．すなわち，ある重さの物体は，他の惑星上で
はより重かったり軽かったりするのである．最終
的に，惑星上の重力はさらに遠方にも広げられた．
木星には4つの衛星，土星には5つの衛星があり，
地球に対する月のように惑星の周りを巡っている．
これらの衛星の運動が惑星たちの重力によってい
ることは疑いえなかった．こうして，ニュートンは

次の名高い結論を引き出した：太陽にも，その中心に物体を引き付ける重力という性質が備わっている．この力は，全惑星の距離をはるかに超えた広大な範囲にまで広げられた．全惑星の運動を変えているのはこの力なのである．こうして，惑星たちの運動は正確に記述されるようになった．実際，この偉大な哲学者が現れる前は，世界は天体の運動について深い無知の状態にあったのである．そして，天文学で現在我々が享受している大いなる光は，彼一人のおかげなのだ．極めて単純で微かな最初の出来事から，いかに大きな進展があらゆる科学知識にもたらされたか—あなたはきっと驚くはずだ．もしニュートンが果樹園で寝そべっていなかったら，もしリンゴが彼の頭に偶然落ちてこなかったら，我々は天体の運動やそれらに関わる無数の現象について，いまだに無知の状態のままだったかもしれない」

　以上のように，オイラーはニュートンの知識と洞察力を大いに称賛している．その一方で，ニュートン以前の学者たちの努力や，リンゴの落下以外でもニュートンが重力に気付いた可能性については触れず，あえて次の主張をしている．

　　「たった一人の天才が，偶然の出来事から，世界の歴史的な無知をくつがえした」

10.2 重力の法則

56 通目の手紙では，以下の図を用いて重力を説明している．

「万有引力（重力）の学説によれば，全天体は他
の全天体を引き付け，また相互に引き付けられて
いる．しかしながら，他の天体を引き付ける強さ
を評価するためには，相互に引き付け合う 2 つの
物体を考察するだけでよい．このとき，次の 3 点
について考察する必要がある．第一に引く物体 A，
第二に引かれる物体 B，第三にそれらの距離 AB
である．

まず A の大小によって，B を引く力は異なる．A
の大きさが 2 倍であれば 2 倍の力，3 倍であれば 3
倍の力となる．そこで，物体 A と距離 AB は同じ
ものとする．すると，B の大小によって A に引か
れる力の大小は異なる．B の大きさが 2 倍であれ
ば 2 倍の力，3 倍であれば 3 倍の力となる．この状
況を表すために，数学用語における「比例」が用
いられ，物体 B が物体 A に引き付けられる力の強
さは物体 B の質量に比例すると言う．物体 B の質
量が 2 倍，3 倍，4 倍の大きさであれば，その力は
正確にそれだけの倍数の大きさになる．最後に残

るのは距離である．距離 AB が大きくなればなる
ほど引力は小さくなる．逆に近づけば近づくほど
それは大きくなる．距離が 2 倍になれば 2 × 2 つ
まり 4 分の 1 となり，距離が 3 倍になれば 3 × 3 つ
まり 9 分の 1 のとなり，距離が 4 倍になれば 4 × 4
つまり 16 分の 1 となる．最終的に，100 倍の距離
であれば 100 × 100 つまり 10000 分の 1 となる．
このことから，距離が非常に長い場合には引力は
ほとんど知覚できないことになる．逆に距離が非
常に短ければ物体が小さくても引力は非常に大き
なものとなる」

　さらにオイラーは，57 通目の手紙で 1 から 12 までの二乗の
計算と 258 の二乗の計算を記している．天才計算家オイラーが
『王女への手紙』の第 1・2 巻に記した唯一の計算箇所である．
　以上のように重力の法則を述べたあと，我々の太陽系の惑
星の運行について話を続けている．

「恒星の質量は太陽の質量と同じものと仮定しよ
う．恒星は太陽までの距離の 400000 倍以上にある
ためその引力は 160000000000 分の 1 以下となる．
したがって，恒星たちの引力は地球の運動にほと
んど影響を与えていない．ただし，太陽の質量は
他の惑星の質量の数千倍を超えているので，太陽
の引力が主に惑星の運動を統制する．しかしなが
ら，2 つの惑星が互いに近付いた時には太陽まで
の距離よりも短いため，それらの運動が妨げられ
ることが分かるほど引力が強くなる．そのような
乱れ (dérangement) こそが万有引力の学説の強力
な証拠となる．このように，彗星が惑星に非常に

第 10 章　未知への飛躍　139

接近するときには，万有引力はその運動を十分変
えうるのである」

10.3　重力の応用

　重力の学説からオイラーが得たものは測り知れない．『王女
への手紙』では，特に地球・月・太陽に関わる2つの重要な
例を挙げている．

　第一の例は，月の運動である．上記の3つの天体を含むこ
の厄介な多体問題に対して，オイラーは実効的な計算技法を
産み出している．61通目の手紙で，彼は日食や月食の計算に
ついてこう述べている．

　　　「私もまたこの問題に多くの時間と考察を費やし
　　　た．そして，ゲッチンゲンのマイヤー氏は，私が
　　　切り開いた道を追求して，それ以上は進めないほ
　　　どの正確さに到達したのである．誤差を1分以内
　　　に抑えられるようになってから，およそ10年し
　　　か経過していない．それ以前はしばしば8分以上
　　　の誤差が生じたものだ．力学はこの重要な発見か
　　　ら多くの恩恵を受けており，それは天文学のみな
　　　らず地理学や航海学にも最大の利益をもたらして
　　　いる」

　1753年1月にマイヤーがオイラーに宛てた手紙の中で示し
た月の運動の計算手順を述べよう．p を月の平均近点離角[2]，
s を太陽の平均近点離角，ω を太陽と月の平均角距離，δ を月
と昇交点[3]の平均角距離，ε を太陽と昇交点の平均角距離の平

---

[2] 近点を通過した後の経過時間を角度で表したもの.
[3] 黄道と白道の交点.

140

方とする.

(**1**) 月の経度を補正する（平均近点離角も同様）.

$+ 11'29'' \sin s - 10'' \sin 2s$

$+ 3'45'' \sin(2\omega - 2p) + 28'' \sin(\omega - p)$

$- 0'54'' \sin(2\omega + s) - 1'2'' \sin(2\omega - s)$

$+ 1'48'' \sin(2\omega - p + s) + 1'12'' \sin(2\omega - p - s)$

$+ 1'30'' \sin(2\omega + p) + 0'58'' \sin(2\delta - p)$

$+ 0'40'' \sin(p - s) + 0'47'' \sin \varepsilon.$

(**2**) (1) から定まる $\bar{\omega}$ と $\bar{p}$ を用いて補正する.

$- 6°18'20'' \sin \bar{p} + 13'0'' \sin 2\bar{p} - 36'' \sin 3\bar{p}$

$- 1°20'42'' \sin(2\bar{\omega} - \bar{p}) + 35'' \sin(4\bar{\omega} - 2\bar{p})$

(**3**) (2) から定まる $\bar{\bar{\omega}}$ を用いて補正する.

$+ 40'21'' \sin 2\bar{\bar{\omega}} - 1'56'' \sin \bar{\bar{\omega}}$

$+ 0'2'' \sin 3\bar{\bar{\omega}} + 0'17'' \sin 4\bar{\bar{\omega}}.$

こうしてマイヤーは，ハレーの 200 以上の観測データとの誤差を 2' 以内に抑えることを可能にした．当時の理論的な方法では誤差が 5' 以上になることがしばしばあり，その困難を知るオイラーはマイヤーを称えている.

第二の例は，潮汐である．64 通目と 65 通目の手紙において，以下の図を用いて説明している.

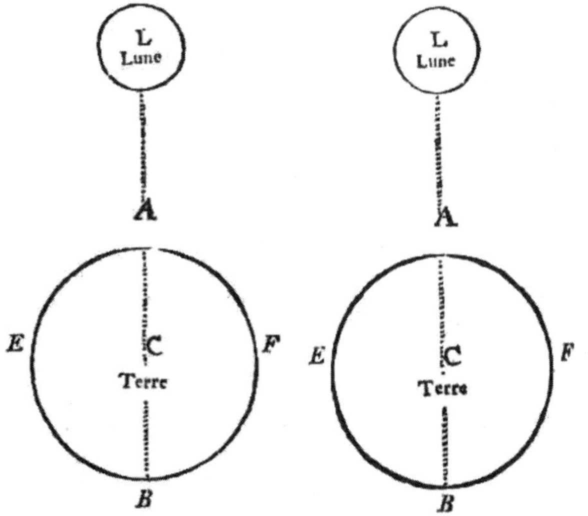

　A の地点では L からの引力が C の地点よりも強いので，A は C から離れようとする．一方，C の地点では L からの引力が B の地点よりも強いので，C は B から離れようとする．このような理由によって，月が天頂となる A と天底となる B で月からの重力の差から生じる影響が極大となる．

　また，実際に満潮を迎えるのは A や B の時点よりも後になることや，太陽の重力によって大潮・小潮といった影響があること，さらには季節によっても干満の大小が異なることなどについても触れている．

10.4　重力の正体

　オイラーは，力の起源を「物体の不可入性」に求めている．以下の図を用いて，A と B がお互いに接近し衝突して両者の

運動に変化が生じる原因は，お互いに入り込めないという性質のためであると主張する．もしその性質がなければ，「慣性(inertie)」によって一直線上を同じ速度で永遠に突き進むはずである．

　オイラーは重力に関しても，この「物体の不可入性」から説明を試みたが，彼自身が納得する解答には到達できなかった．この未完成のオイラーの重力説を，1750年頃に著されたと推測される『自然哲学序説』（オイラーの死後1862年に出版）から考察してみよう[4]．

I 世界には，粗大物質と微細物質の少なくとも2種類がある．粗大物質は一定不変の，しかし金の見かけ上の密度より大きい密度を有し，他方，微細物質の密度はそれより何千分の一も小さい．全ての物体は，この2つの物質より成り，諸物体間にある差はこの2物質の異なった混合と合成より生じる（命題96, 97）．

II 重力は，地球からより離れれば高圧となるエーテル（微細物質）の不均等な圧力から生じる．それゆえ物体は，地球に向かって強く押しやられ，物体の重さとはこの圧する力の差に等しい．地球から無限に離れた静止エーテルの圧力を h とするならば，地球中心より r の距離にあるエーテルの圧力は

$$P(r) = h - \frac{A}{r}$$

─────────────
　[4] 山本『重力と力学的世界』第8〜9章参照．

第 10 章　未知への飛躍　143

とならなければならない（命題 140, 142）.

III なぜエーテルの圧力は，物体に近付くにつれて減少するのか？その原因は明らかに粗大物質に求めなければならない．物体を構成する粗大物質は，エーテル内にその平衡を傾かせる運動を引き起こしている（命題 146）.

　オイラーの主張で注意すべきなのは，エーテルを構成する微細物質は，微視的には粗大物質に入り込んでいないが，巨視的には物体に入り込んでいるということである．なぜならば，微細物質が物体の表面だけに働くものとすると，その力は物体の質量ではなくて体積に関係することになり，重力とは異なってしまうからである．すなわち，オイラーが主張する重力の圧力とは物体内部での粗大物質と微細物質との相互作用である．一方，通常の液体や気体の圧力とは，主に物体表面での粗大物質同士の相互作用ということになる.

　現代的に解釈すれば，オイラーが述べている粗大物質には陽子や中性子などの粒子が対応し，エーテルには電磁場や重力場あるいは光子や重力子などの（仮想）粒子が関係するだろう．ただし，重力子そのものは 2010 年現在検出されていない．重力とはこの重力子が媒介する近接相互作用であるという考え方もあるが，現時点ではまだまだ分かっていない部分が多い.

　オイラーは，上記のように当時の物理学では未知の領域であった世界を大胆に予測している．しかしながら，それらは当時の物理学の領域には含まれていなかった．実験によって詳しい事実を知り得ない以上，物理学として扱うにはあまりにも抽象的である．そのため，オイラーも 68 通目の手紙で

　　「数学 (Mathématiques) というよりも
　　　形而上学 (Métaphysique) の領域に属している」

と認めている．それでもなお説明しようとすれば，たとえを使わざるを得ない．だが，たとえは大きな誤解を生む危険性もはらんでいる．

オイラーは 75 通目の手紙で，彼自身が納得する解答には到達できなかったことを記している．

> 「重力と呼ばれるものは，宇宙空間を満たす微細物質に含まれる力と考えるべきだが，それがいかなるものであるかは分からない．我々は多くの重要な事柄において，その無知を認めることに慣れる必要がある」

当時と現在の状況をふまえた上で，もう一度オイラーの説明を見直してみよう．オイラーの優れた洞察力が発揮された素晴らしい説明だとは考えられないだろうか．未知の現象の問題点を把握し，自身の無知を認めている．

10.5 根源への挑戦

『ドイツ王女への手紙』第 1 巻の主要な内容は，空間，音，光，重力である．オイラーの説明で際立つのは，それらの観察事実と法則を表面的に述べるだけでは満足せず，その根源的な原因を探ろうとする姿勢である．

現在これらを根源から説明しようとすれば，4 種の相互作用－強い核力，弱い核力，電磁気力，重力－を素粒子や弦から説明することになるだろう．現代の科学者が，18 世紀に知られていた観察事実と思考実験のみから，当時の正統的な学者に現代の説明を納得させることは不可能だろう．どのように努力しても，根拠のないただの空想だと批判されるに違いない．

第 10 章　未知への飛躍　145

　その時代にオイラーは，たとえを用いて根源的な説明にあえて挑戦した．それらはあくまでもたとえであり，考慮すべき多くの現象を知らなかったため，説明には不正確な点や間違いが確かにある．しかし，最終的にオイラーが目指した方向は決して間違ってはいない．すなわち，未知なる極大と極小の世界への探究である．

　同時代の学者がオイラーの哲学を理解できずに，いくつかの否定的な評価を残している．ダランベール (1717–1783) は，「幾何学と解析学においてかくも偉大な天才が，形而上学においては学童にも劣っていた．これは信じがたいことである」と述べ，ダニエル・ベルヌーイ (1700–1782) は「あなたが渦動理論をそんなに高く買っておられることは私には驚きです[5]」「この点（重力の学説）に関しては私は完全なニュートン派です．そしてあなたがそんなにいつまでもデカルトの原理に固執しているのは，私には解せません．••• もしも神が私たちにその本質を理解しえない霊魂を造りえるのだとすれば，神は万物に引力を付与することもできるでしょう」と述べている．

　彼らの評にならった歴史家のオイラー評は，現在もなお根強く残っている[6]．それは，「遅れて来た相当正統的なデカルト主義者」であり，あるいは重力や磁力に関して「デカルトの渦動説」を継承した科学者とされ，「数学者としては超一流であったが，自然哲学者としてはいまひとつの感は免れない」という見解である[7]．

　オイラーがニュートンの重力説に最大級の称賛を贈っているにもかかわらず，デカルト主義者とみなされる理由は，力の伝達が何らかの媒質によると主張しているためである．実

---

　[5]デカルトの渦動説では，太陽や惑星を中心とする第二の元素の渦によって惑星や衛星の運動を説明する．

　[6]地球空洞説のように，オイラーが主張していないことが喧伝されている場合もある．

　[7]山本『磁力と重力の発見』pp.903-904 参照.

際，68 通目の手紙でオイラーは思考実験とともにこう述べている．

　　「完全なる虚無の空間に静止した二つの物体のみが距離を隔てて創造されたとする．この場合，一方が他方に近付いていくことは可能だろうか？どのようにして離れた相手を感じるのだろうか？どこから近付きたいという願望が生じるのだろうか？…我々は，天体を隔てる空間はエーテルと呼ばれる光を伝達する微細物質で充たされていることを知っている．したがって，重力に関しても微細物質が働いていると考える方が，その作用がいかなるものか分からないにせよ，より合理的であると思われる．…重力を神秘的な力だと考えるのはやめなければならない」

　オイラーの主張とは，光や重力の現象の根源には未知の微細物質が関わっているということだった．それらは，あくまでも光や重力を伝達する能力を持った広い意味での物質である．通常の気体や液体が空間に充たされて，太陽や惑星を中心に渦を巻いているといった主張ではない．しかし，見ることも触れることもできない未知の対象は，理解への努力が放棄されたとき，しばしば陳腐な対象におとしめられてしまう．敵対者の手にかかればなおさらである．

　その一方で，『王女への手紙』は多くの言語に翻訳され版を重ねた．オイラー全集に記されている『王女への手紙』の第1巻の出版年は以下の通りである．

第 10 章　未知への飛躍　147

フランス語：	1768, 1770, 1775, 1787, 1812, 1829, 1839, 1842, 1843, 1859, 1862, 1866.
ロシア語：	1768, 1785, 1790, 1796.
ドイツ語：	1769, 1773, 1784, 1792, 1848, 1853.
オランダ語：	1785.
スウェーデン語：	1786, 1793.
イタリア語：	1787.
デンマーク語：	1792.
英語：	1795, 1802, 1823, 1833, 1839, 1840, 1842, 1846, 1858, 1872.
スペイン語：	1798.

　18 世紀後半以降，自然哲学の重要なテーマとその目覚ましい応用例が，一般の欧米人が読めるような形で見事な順序で示されたのである．才能を持った若者が，いかに多くの貴重な知識と洞察力と好奇心をこの著書から得たことだろう．何よりもこの著書は，世界を科学的に探究することがキリスト教徒にとっても大切であるということを，聖書や教義を示しつつ明確に主張したのである．

　オイラーという時代を超えた洞察者を理解することは，確かに困難であった．そして現在もなお，彼が洞察した世界の深さまで，我々は到達していない．人生の大部分をオイラー全集のために捧げたシュパイザー (1885–1970) は，学生たちにこう繰り返した．

　　「今なおオイラーの著作には多くの宝がある」

オイラー周辺の人々 10

フレデリック・ウィリアム・ハーシェル（1738 – 1822）

ドイツのハノーファーに生まれ，イギリスで業績をあげた天文学者・音楽家・望遠鏡製作者．天王星の発見や赤外線放射の発見など天文学における数多くの業績で知られる．1781 年 3 月 13 日，彼は新天体を観測し，それを彗星だと考えた．しかし，その後の軌道の観測から土星のはるか遠方にある巨大な天体であることが判明し，惑星とみなされるようになった．プラトン以来，惑星は 5 つと数えられていたわけであり，驚くべき発見である．オイラーは，亡くなる当日，この新たな惑星の軌道について助手たちと議論をおこなった．

11　解析の広がり －ゼータと微分－

－解析学の領域もまたいっそう広々と広がっていく－

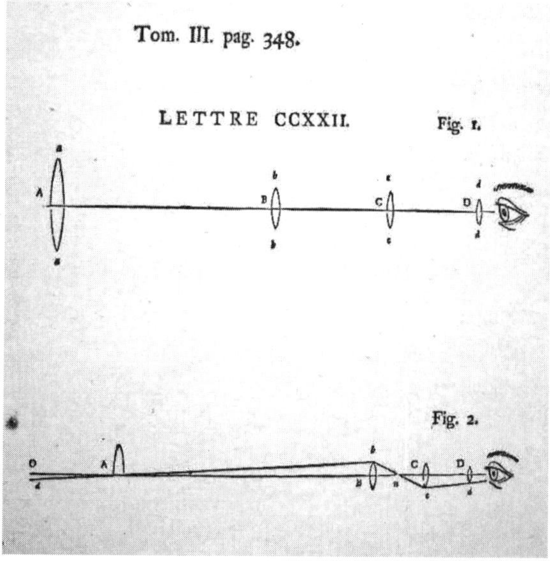

『王女への手紙』第三巻折込図 7/8

11.1 最初の証明

―――――― バーゼル問題 ――――――

$$1 + \frac{1}{2^2} + \frac{1}{3^2} + \frac{1}{4^2} + \frac{1}{5^2} + \cdots = ?$$

　この問題は，1644年にメンゴーリによって取り上げられ，1689年にバーゼル大学教授のヤコブ・ベルヌーイが著書『無限級数の扱い』の中で未解決の問題として著したことで有名なものとなった．しかも，ライプニッツやベルヌーイ一族といった当時第一級の数学者たちの挑戦を退けた難問であった．

　1734年頃にオイラーは，この難問の解答を最初に見出した．しかし，幾何を用いた最初の証明にはいくつかの問題点があったため，それらを克服すべく『無限解析入門』では無限解析を用いたほぼ完全な証明を与えている．基本的には同じ方針の二つの証明を比較してみよう．

　最初の証明では，y を定数として，

$$1 - \frac{1}{y}\sin s = 1 - \frac{s}{y} + \frac{s^3}{3!y} - \frac{s^5}{5!y} + \frac{s^7}{7!y} - \cdots$$

を考察する．この関数を

$$1 - \frac{\sin s}{y} = \left(1 - \frac{s}{A}\right)\left(1 - \frac{s}{B}\right)\left(1 - \frac{s}{C}\right)\left(1 - \frac{s}{D}\right)\cdots$$

と**無限積**で表すと，$A, B, C, D, \cdots$ が，未知変数 s の方程式 $1 - \dfrac{\sin s}{y} = 0$ の解となる．そこで，$1 - \dfrac{\sin s}{y} = 0 \iff y - \sin s = 0$ の解を求めるために，オイラーは次の半径1の円（Aを始点とした時計回り）を考える．

第 11 章　解析の広がり　151

Comment:Acad:Sc.Tom.VII.Tab.VII.p.123.

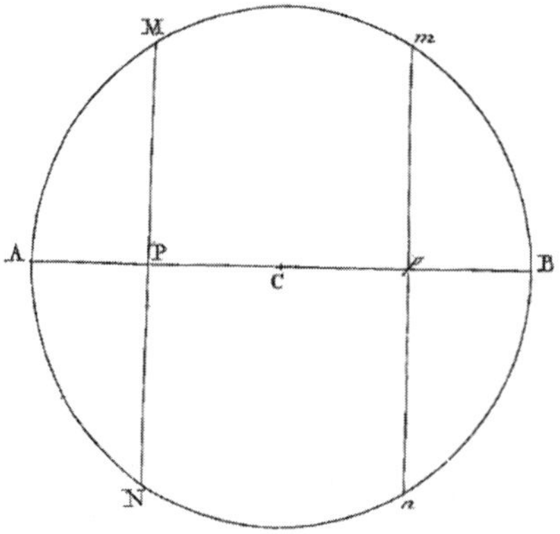

　ここで正弦 PM = pm = y とすると，円弧 AM = A と
Am = $\pi - A$ が解になり，さらに $\sin s$ は周期 2π の周期関数
だから，**全ての解**が

$$s = A + 2k\pi \text{ または } (\pi - A) + 2k\pi \quad (k : \text{整数})$$

と表される．絶対値が小さい順番に並べると，

$$A, \ \pi - A, \ -\pi - A, \ A - 2\pi, \ A + 2\pi, \ 3\pi - A, \ \cdots$$

となる．特に，$y = 1$ のとき，M と m，P と C と p，N と n
がそれぞれ一致して，解は $\pi/2$, $\pi/2$, $-3\pi/2$, $-3\pi/2$, $5\pi/2$,
$5\pi/2$, $\cdots$ となって，

$$1 - \sin s = 1 - s + \frac{s^3}{3!} - \frac{s^5}{5!} + \frac{s^7}{7!} - \cdots$$

$$= \left(1 - \frac{s}{\pi/2}\right)\left(1 - \frac{s}{\pi/2}\right)\left(1 - \frac{s}{-3\pi/2}\right)\left(1 - \frac{s}{-3\pi/2}\right)\cdots$$

$$= \left(1 - \frac{s}{\pi/2}\right)^2\left(1 + \frac{s}{3\pi/2}\right)^2\left(1 - \frac{s}{5\pi/2}\right)^2\left(1 + \frac{s}{7\pi/2}\right)^2\cdots.$$

が得られる．この無限積を展開して，無限和の係数と比較する．s の係数を比較すると，

$$-1 = 2 \times \frac{2}{\pi} \left(-1 + \frac{1}{3} - \frac{1}{5} + \frac{1}{7} - \cdots \right)$$

となり，ライプニッツの公式

$$1 - \frac{1}{3} + \frac{1}{5} - \frac{1}{7} + \cdots = \frac{\pi}{4}$$

が得られる．さらに，s^2 の係数を比較すると，

$$0 = \left(\frac{2}{\pi} \right)^2 \left\{ 2 \left(-1 + \frac{1}{3} - \frac{1}{5} + \frac{1}{7} - \cdots \right)^2 \right.$$
$$\left. - \left(1 + \frac{1}{3^2} + \frac{1}{5^2} + \frac{1}{7^2} + \cdots \right) \right\}$$

であるから，

$$1 + \frac{1}{3^2} + \frac{1}{5^2} + \frac{1}{7^2} + \cdots = \frac{\pi^2}{8}$$

が得られる．全ての自然数の逆数の二乗和を求めるためには，これに初項 1，公比 $\frac{1}{2^2}$ の等比級数を掛け合わせればよい．

$$1 + \frac{1}{2^2} + \frac{1}{3^2} + \frac{1}{4^2} + \frac{1}{5^2} + \cdots$$
$$= \left(1 + \frac{1}{3^2} + \frac{1}{5^2} + \frac{1}{7^2} + \cdots \right)$$
$$\times \left(1 + \frac{1}{2^2} + \frac{1}{4^2} + \frac{1}{8^2} + \cdots \right)$$
$$= \frac{\pi^2}{8} \frac{1}{1 - \frac{1}{2^2}} = \frac{\pi^2}{6}.$$

こうしてバーゼル問題の解答が見出された．

第 11 章　解析の広がり　153

11.2　無限解析による克服

前節の証明における問題点を確認しておこう.

「全ての解」　実曲線のグラフだけでは全ての解が求められていない可能性がある. 例えば, $\sin s$ のかわりに s^3 としてみよう. $1 - s^3 = 0$ となるのは, 実数では $s = 1$ だけであるが, もちろん $1 - s^3 = \left(1 - \dfrac{s}{1}\right)$ ではない. 正しくは, オイラーの公式から全ての複素数解

$$
\begin{aligned}
s &= 1^{\frac{1}{3}} = (e^{2k\pi\sqrt{-1}})^{\frac{1}{3}} = e^{\frac{2k\pi}{3}\sqrt{-1}} \\
&= \cos\frac{2k\pi}{3} + \sqrt{-1}\sin\frac{2k\pi}{3}
\end{aligned}
$$

すなわち $s = 1, \dfrac{-1 \pm \sqrt{-3}}{2}$ を求めて,

$$
\begin{aligned}
1 - s^3 &= \left(1 - \frac{s}{1}\right)\left(1 - \frac{s}{\frac{-1+\sqrt{-3}}{2}}\right)\left(1 - \frac{s}{\frac{-1-\sqrt{-3}}{2}}\right) \\
&= (1 - s)(1 + s + s^2)
\end{aligned}
$$

となる. このように, 考察する式の次数が有限であれば, 全ての実・虚因子とそれらの重複度まで考慮することにより, 正しい等式を得ることができる.

「無限積」　次数が無限の場合には, 全ての実・虚因子を考慮しても正しい等式を得ることはできない. 例えば, $e^s = 1 + \dfrac{s}{1!} + \dfrac{s^2}{2!} + \dfrac{s^3}{3!} + \dfrac{s^4}{4!} + \cdots$ という式を考えてみる. $s = x + \sqrt{-1}y$ とすると,

$$
e^{x+\sqrt{-1}y} = e^x e^{\sqrt{-1}y} = e^x(\cos y + \sqrt{-1}\sin y)
$$

となるから, どんな複素数に対しても 0 にはならない. e^s の定数項は 1 だから, もし多項式であったならば 1 となる他な

いが，もちろん $e^s = 1$ ではない．実は，

$$e^s = \left(1 + \frac{s}{i}\right)^i$$

（i：無限大量）という無限積表示から分かるように，$e^s = 0$ の解 (?) は $-i$（負の無限大量）なので，複素数の中には見つからないのである．さらに無限積の場合は，積の順序による収束性の問題も現れてくる．

そこで『無限解析入門』では，多項式 $a^n - z^n$ の有限積表示から始めて超越関数 $\dfrac{e^x - e^{-x}}{2}$ の無限積表示を求めている．以下では簡単のため，n が奇数の場合を考える．まず $a^n - z^n$ は，

$$\begin{aligned}
a^n - z^n &= \prod_{k=0}^{n-1} \left(a - e^{\frac{2k\pi\sqrt{-1}}{n}} z\right) \\
&= \prod_{k=0}^{n-1} \left(a - \left(\cos\frac{2k\pi}{n} + \sqrt{-1}\sin\frac{2k\pi}{n}\right) z\right) \\
&= (a - z) \prod_{k=1}^{(n-1)/2} \left(a^2 - 2\cos\frac{2k\pi}{n} az + z^2\right)
\end{aligned}$$

と分解され，$a - z$ という因子を除くと他は全て三項因子[1]になる．この三項因子は，$a = \left(1 + \dfrac{x}{n}\right)$, $z = \left(1 - \dfrac{x}{n}\right)$ と置くと，

$$\left(1 + \frac{x}{n}\right)^2 - 2\cos\frac{2k\pi}{n}\left(1 - \frac{x^2}{n^2}\right) + \left(1 - \frac{x}{n}\right)^2$$

となる．ここで $n = i$（無限大量）としてみよう．このとき，$a^n = e^x$, $z^n = e^{-x}$ であり，余弦関数の無限級数表示

$$\cos\frac{2k\pi}{i} = 1 - \frac{1}{2!}\left(\frac{2k\pi}{i}\right)^2 + \frac{1}{4!}\left(\frac{2k\pi}{i}\right)^4 - \cdots$$

---

[1] 共役な二項の虚因子が掛け合わされた三項の実因子．

において，4次以上の項は無限大量 i の影響から後の計算では消失することに注意する[2]．すると，先ほどの三項因子は，

$$\left(1+\frac{x}{i}\right)^2 - 2\left(1-\frac{1}{2!}\left(\frac{2k\pi}{i}\right)^2\right)\left(1-\frac{x^2}{i^2}\right) + \left(1-\frac{x}{i}\right)^2$$

$$= \frac{4x^2}{i^2} + \frac{4k^2\pi^2}{i^2} - \frac{4k^2\pi^2 x^2}{i^4}$$

$$= \frac{4k^2\pi^2}{i^2}\left(1+\frac{x^2}{k^2\pi^2} - \frac{x^2}{i^2}\right)$$

という形になる．三項因子の最後の項 $-\dfrac{x^2}{i^2}$ は i 乗しても無限に小さい影響しか与えないので外しても良く，$a-z=\left(1+\dfrac{x}{i}\right) - \left(1-\dfrac{x}{i}\right) = \dfrac{2x}{i}$ から得られる因子は x である．さらに $\dfrac{e^x - e^{-x}}{2}$ の無限級数展開は x から始まることに注意すれば，

$$\frac{e^x - e^{-x}}{2} = x\prod_{k=1}^{\infty}\left(1+\frac{x^2}{k^2\pi^2}\right)$$

$$= x\left(1+\frac{x^2}{\pi^2}\right)\left(1+\frac{x^2}{4\pi^2}\right)\left(1+\frac{x^2}{9\pi^2}\right)\left(1+\frac{x^2}{16\pi^2}\right)\cdots$$

と表示されることが分かる．$x = z\sqrt{-1}$ とおけば，

$$\sin z = \frac{e^{z\sqrt{-1}} - e^{-z\sqrt{-1}}}{2\sqrt{-1}}$$

$$= z\left(1-\frac{z^2}{\pi^2}\right)\left(1-\frac{z^2}{4\pi^2}\right)\left(1-\frac{z^2}{9\pi^2}\right)\left(1-\frac{z^2}{16\pi^2}\right)\cdots$$

が導かれる．z^3 の係数を無限級数表示

$$\sin z = z - \frac{z^3}{3!} + \frac{z^5}{5!} - \frac{z^7}{7!} + \cdots$$

---

[2] 例えば，$i = 1000000$，k は i に比べて十分小さな値として実際に計算してみると，このようなオイラーの説明が理解できる．

と比較すると,

$$-\frac{1}{\pi^2}\left(1+\frac{1}{4}+\frac{1}{9}+\frac{1}{16}+\cdots\right)=-\frac{1}{3!}$$

となって, バーゼル問題の解答が得られる.

最初の証明とは異なり, 有限積から徐々に無限積が定まる過程を確かめることができるため, この証明はほぼ完全である. これを可能にしたのが無限解析の力である. この力によって極めて重要な数学−関数の無限和および無限積表示, 超越関数の複素零点, オイラーの公式, さらにはゼータ関数の特殊値−が産み出されたのである. 最初の単純で微かな問題から, いかに大きな進展が数学にもたらされたか−我々は驚くほかない.

11.3 ゼータの近似値

オイラーの最初の証明には, 確かに問題点があった. ヨハン, ダニエル, ニコラスの3人のベルヌーイやクラメルといった数学者たちは, 実際にその問題点を指摘している. けれどもオイラー自身は, 1742年に著された論文の中で

「これらの和を完全に正しいものとして印刷に付するのに何のためらいもなかった」

とその自信を述べている. その自信の根拠には, 近似値たちの偶然とは考えられないほどの一致があった. 以降リーマンが導入したギリシャ文字 ζ(ゼータ) により,

$$\zeta(s)=1+\frac{1}{2^s}+\frac{1}{3^s}+\frac{1}{4^s}+\frac{1}{5^s}+\cdots=\prod_{p:\text{素数}}\frac{1}{1-\frac{1}{p^s}}$$

と表示する. 後半はオイラー積と呼ばれる重要な表示式で, 自然数の素因数分解の一意性から等号が導かれる. オイラーは,

第 11 章　解析の広がり　157

バーゼル問題の解答を得た論文の最後に, 以下のように 6 つ
の値を記している.

$$1 + \frac{1}{2^2} + \frac{1}{3^2} + \frac{1}{4^2} + \frac{1}{5^2} \text{ etc.} = \frac{\pi^2}{6} = P$$

$$1 + \frac{1}{2^4} + \frac{1}{3^4} + \frac{1}{4^4} + \frac{1}{5^4} \text{ etc.} = \frac{\pi^4}{90} = Q$$

$$1 + \frac{1}{2^6} + \frac{1}{3^6} + \frac{1}{4^6} + \frac{1}{5^6} \text{ etc.} = \frac{\pi^6}{945} = R$$

$$1 + \frac{1}{2^8} + \frac{1}{3^8} + \frac{1}{4^8} + \frac{1}{5^8} \text{ etc.} = \frac{\pi^8}{9450} = S$$

$$1 + \frac{1}{2^{10}} + \frac{1}{3^{10}} + \frac{1}{4^{10}} + \frac{1}{5^{10}} \text{ etc.} = \frac{\pi^{10}}{93555} = T$$

$$1 + \frac{1}{2^{12}} + \frac{1}{3^{12}} + \frac{1}{4^{12}} + \frac{1}{5^{12}} \text{ etc.} = \frac{691\pi^{12}}{6825 \cdot 93555} = V.$$

これら全ての値が, 以下で述べる計算法による近似値と小数
点以下 15 桁近くまで一致していたのである.

　$\zeta(2)$ の近似値をただ定義通りに $\frac{1}{n^2}$ を足し合わせて求める
のは, あまりにも収束が遅くて役に立たない. そこでオイラー
は, この問題を克服するために極めて収束が早い計算法を編
み出していた. それは現在「オイラー・マクローリン法」と
呼ばれている巧妙なアルゴリズムであり, 数十項の和だけで
数十桁の精度で値を正確に求めることができる. 天才計算家
のラマヌジャンもこの計算法を多用して, 様々な等式を発見
している.

　オイラーは以下のようにこの計算法を導いている.

$$S(x) = f(x) + f(x+1) + f(x+2) + f(x+3) + f(x+4) + \cdots$$

とおく. まず,

$$S(x+1) = f(x+1) + f(x+2) + f(x+3) + f(x+4) + \cdots$$

と表す. また, $D = \dfrac{d}{dx}$ として, マクローリン展開によって,

$$
\begin{aligned}
S(x+1) &= S(x) + S'(x)1 + \frac{S''(x)}{2!}1^2 + \frac{S'''(x)}{3!}1^3 + \cdots \\
&= \left(\sum_{n=0}^{\infty} \frac{D^n}{n!} \right) S(x) \\
&= e^D S(x)
\end{aligned}
$$

と表す. こうして $S(x+1) - S(x)$ を二通りで表すと, $y = S(x)$ は次の無限階の微分方程式の特殊解となる.

$$
(e^D - 1)y = -f(x).
$$

逆に, この微分方程式の特殊解を求めるために, まず $\dfrac{1}{e^D - 1}$ をベルヌーイ数を用いて無限級数で表す.

$$
\begin{aligned}
\frac{1}{e^D - 1} &= \frac{1}{D} \left(\frac{De^D}{e^D - 1} - D \right) \\
&= \frac{1}{D} \left(\sum_{n=0}^{\infty} \frac{B_n}{n!} D^n - D \right) \\
&= \frac{1}{D} - \frac{1}{2} + \sum_{n=2}^{\infty} \frac{B_n}{n!} D^{n-1}.
\end{aligned}
$$

但し, $B_0 = 1$, $B_1 = \dfrac{1}{2}$, $B_2 = \dfrac{1}{6}$, $B_4 = -\dfrac{1}{30}$, $B_6 = \dfrac{1}{42}$, $B_8 = -\dfrac{1}{30}$, $B_{10} = \dfrac{5}{66}$, $B_{12} = -\dfrac{691}{2730}, \cdots$ および $B_{2k+1} = 0 \ (k \geqq 1)$.

これを $-f(x)$ に作用させて,

$$
y_0 = -\int f(x)dx + \frac{1}{2}f(x) - \sum_{n=2}^{\infty} \frac{B_n}{n!} f^{(n-1)}(x)
$$

という形式的な特殊解を得る.

第 11 章　解析の広がり　159

　実際に $\zeta(s)$ を計算する場合には，a を適当な大きさの自然数として，まず途中までの項 $\displaystyle\sum_{n=1}^{a-1}\frac{1}{n^s}$ を求める．さらに，上記の式に $f(x)=\dfrac{1}{(a+x)^s}$ を適用して特殊解 $S(x)$ を見出し[3]，残りの和 $S(0)=\displaystyle\sum_{n=0}^{\infty}\frac{1}{(a+n)^s}$ を求める．

$$S(x) =_? \frac{1}{s-1}\frac{1}{(a+x)^{s-1}}+\frac{1}{2}\frac{1}{(a+x)^s}$$
$$+\sum_{n=2}^{\infty}\frac{B_n}{n!}\frac{s(s+1)\cdots(s+n-2)}{(a+x)^{s+n-1}}$$

を考える．しかし，n が偶数のとき $\left|\dfrac{B_n}{n!}\right|\sim\dfrac{2}{(2\pi)^n}$ であるため[4]，右辺の無限和は発散する．そこで実際に近似値を求める場合には，発散しはじめる前の有限和で計算を打ち切る．

　上記の説明には明らかに論理の飛躍があるように思える．けれども，$f(x)$ が局所的に多項式に近似すると考えれば，それほどおかしなことではない．もし $f(x)$ が多項式であれば，十分高い階数の導関数は 0 となるため，前述の解法によって特殊解のひとつを多項式で書き下せる．そこで，多項式でない場合でも同じ解法を適用して，局所的に微分方程式をほぼ満たす関数の中から，大域的に $S(x)$ に近似する関数を見出すことができる[5]．

---

[3]　$\displaystyle\lim_{x\to\infty}S(x)=0$ となることに注意する．

[4]　n が正の偶数のとき，$\zeta(n)=\dfrac{|B_n|}{2n!}(2\pi)^n$ となる．

[5]　正確な誤差は $f(x)$ の高階導関数とある周期関数との積の積分で表される．森本『UBASIC による解析入門』p.100 参照．これによって，有限和で計算を打ち切る必要性が分かる．

11.4 発散級数

　通常オイラー・マクローリン法は，部分積分法を繰り返し用いて厳密に証明される．確かにこちらの証明の方が，論理の飛躍がないので分かりやすいだろう．

　その一方で，オイラーの多くの著作の内容からすれば，微分方程式による説明は自然であるとも考えられる．すなわち，解析学や力学はもとより幾何学や天文学に分類される論文にも，dx や dy といった記号が散りばめられており，結局は微分方程式の解や近似解が調べられているのである[6]．

　微分方程式の解法は，オイラーにとって中心的なテーマであった．彼は方程式そのものを解くだけでなく，実際にそれらを適用してこの世界のさまざまな現象を調べている．特に天体の運動の計算には，多大なる力を注いでいる．

　微分方程式を解く中で，関数の世界は広々と広がっていく．『無限解析入門』においてオイラーは，関数を「解析的表示式」と表現したが，それらがいったいどのような関数を意味していたかは定かではない．現代的な意味での一変数（複素）解析関数に近いと推測されるが，実はもっと広い意味もあったのかもしれない．

　1746 年に著され 1760 年に出版された論文『発散級数について』の中では，以下の不思議な級数と特殊値が記されている．

$$s = x - 1!x^2 + 2!x^3 - 3!x^4 + 4!x^5 - 5!x^6 + \cdots,$$
$$A = 1 - 1! + 2! - 3! + 4! - 5! + 6! - 7! + 8! - \cdots.$$

この級数は，x に 0 以外のいかなる複素数を代入しても値が収束しない．そこでオイラーは，この発散級数に対応する関

---

　[6] The Euler Archive http://math.dartmouth.edu/~euler/ で多数の原論文を目にすることができる．

第 11 章　解析の広がり　161

数を，微分方程式の解の中から見出す．すなわち，

$$\frac{ds}{dx} = 1! - 2!x + 3!x^2 - 4!x^3 + 5!x^4 - \cdots$$

より $x - x^2 \dfrac{ds}{dx} = s$ を満たすので，形式的には s は y を未知
関数とする微分方程式

$$\frac{dy}{dx} + \frac{1}{x^2}y = \frac{1}{x}$$

の特殊解であることが分かる．この 1 階の線形微分方程式は，
次の公式から一般解を求めることができる．

―――――― 1 階線形微分方程式の公式 ――――――

$\dfrac{dy}{dx} + P(x)y = Q(x)$ の一般解は，
$$y(x) = w(x) \left(\int \frac{Q(x)}{w(x)}dx + C \right).$$
ただし，$w(x) = e^{-\int P(x)dx}$，C：任意定数とする．

公式を適用すると，$w(x) = e^{-\int \frac{1}{x^2}dx} = e^{\frac{1}{x}}$ より，

$$y(x) = e^{\frac{1}{x}} \left(\int \frac{e^{-\frac{1}{x}}}{x}dx + C \right)$$

となる．ここで $y_0(x) = e^{\frac{1}{x}} \displaystyle\int_0^x \frac{e^{-\frac{1}{x}}}{x}dx$ とすると，ロピタルの
定理から，

$$\lim_{x \to +0} \frac{\displaystyle\int_0^x \frac{e^{-\frac{1}{x}}}{x}dx}{e^{-\frac{1}{x}}} = \lim_{x \to +0} \frac{\left(\displaystyle\int_0^x \frac{e^{-\frac{1}{x}}}{x}dx \right)'}{\left(e^{-\frac{1}{x}} \right)'}$$

$$= \lim_{x \to +0} \frac{\dfrac{e^{-\frac{1}{x}}}{x}}{e^{-\frac{1}{x}}\dfrac{1}{x^2}} = 0$$

となるので，$\displaystyle\lim_{x\to+0} y_0(x) = 0$ が成立することが分かる．こうして，関数 s と特殊値 A が自然に定まる．

$$s = y_0(x) = e^{\frac{1}{x}} \int_0^x \frac{e^{-\frac{1}{x}}}{x} dx,$$
$$A = y_0(1) = e \int_0^1 \frac{e^{-\frac{1}{x}}}{x} dx.$$

そしてオイラーは，定積分 A の近似値を 10 領域に分割したリーマン和を補正して求めている．

$$A = 0,5963\,7164$$

さらにオイラーは，元の発散級数を以下のように連分数展開している．

$$\cfrac{1}{1 + \cfrac{x}{1 + \cfrac{x}{1 + \cfrac{2x}{1 + \cfrac{2x}{1 + \cfrac{3x}{1 + \cfrac{3x}{1 + \cfrac{4x}{1 + \cfrac{4x}{1 + \cfrac{5x}{1 + \cfrac{5x}{1 + \cfrac{6x}{1 + \cfrac{6x}{1 + 7x}}}}}}}}}}}}}$$

etc.

第 11 章　解析の広がり　163

そして，この展開を利用して A の近似値をさらに精密に求めている[7].

$$A = \frac{91498525 9,24}{15343159 32,90} = 0,5963473621237$$

　19 世紀における解析学の厳密化という流れの中で，発散級数は当時の解析学者からの批判にさらされた．しかしながら，ポアンカレ (1854–1912) による漸近級数に引き続き，20 世紀前半には E．ボレル (1871–1956) によるボレル和を用いてオイラーの主張の意義が確認されたのである．

　『無限解析入門』の諸言にある次の言葉は印象的である．

　　「これ以上なお手を広げていっそう実り豊かな果
　　実を摘む作業については，読者の努力を待ちたい
　　と思う．この努力を重ねることにより，読者にとっ
　　ては力をみがく習練となるし，解析学の領域もま
　　たいっそう広々と広がっていくのである」

　　実り豊かな果実はここから産まれた．

---

[7] 最終 4 桁の正しい数字は 3231 である.

オイラー周辺の人々 11

ヴォルテール（1694 – 1778）

啓蒙主義を代表するフランスの多才な哲学者・作家．イギリスでアイザック・ニュートン，ジョン・ロックなどの思想を知って哲学に目覚め，帰国後 1734 年に『哲学書簡』を著したが，フランスの政治・宗教・哲学などの激しい批判のために，直ちに発禁処分となった．その反権力の精力的な執筆活動や発言により，18 世紀的自由主義のひとつの象徴とみなされた．『王女への手紙』の論理学の部分で，「ヴォルテールは哲学者である」「ヴォルテールは詩人である」「したがって，ある詩人は哲学者である」という例が使用されている．

12　大いなる謎

－微かな違いはその真実性を証明する－

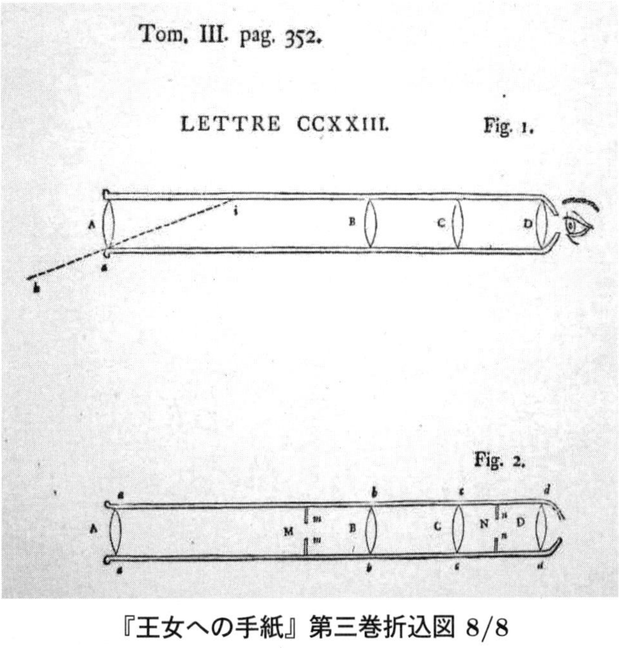

Tom. III. pag. 352.

LETTRE CCXXIII.　　　Fig. 1.

Fig. 2.

『王女への手紙』第三巻折込図 8/8

12.1 ゼータ値とフェルマー予想

オイラーは，ゼータ関数の特殊値，すなわちゼータ値をいくつかの論文や著書の中に書き連ねている．1734 年頃に著された論文『逆数列の和』では 12 まで，1745 年頃に著された著書『無限解析入門』では 26 まで，1748 年頃に著された著書『微分計算教程』では 30 まで，1749 年頃に著された論文『ベキ乗と逆数のベキ乗級数の美しい関係』（附録 A）では 34 までの正の偶数での値を示している．

当時の数学者にとっては，これらの値は単にバーゼル問題やベルヌーイ数の計算の続きにしか思えなかっただろう．しかし，19 世紀後半以降の数論研究者ならば，これらが極めて深い数学に関わっていることを知っている．以下，関連する数多くの数学者や数学概念とともにこれを説明していこう．

ゼータ関数の正の偶数 k での値は，ベルヌーイ数と円周率により $\zeta(k) = \dfrac{|B_k|}{2k!}(2\pi)^k$ と表される．後で述べるように，ゼータ関数は複素平面に解析的に拡張することができて，負の整数でのゼータ値は，$\zeta(1-k) = -\dfrac{B_k}{k}$ という有理数 A_k となる．具体的な値は以下の通りである．

$A_2 = \frac{-1}{2^2 \cdot 3}$, $A_4 = \frac{1}{2^3 \cdot 3 \cdot 5}$, $A_6 = \frac{-1}{2^2 \cdot 3^2 \cdot 7}$, $A_8 = \frac{1}{2^4 \cdot 3 \cdot 5}$,

$A_{10} = -\frac{1}{2^2 \cdot 3 \cdot 11}$, $A_{12} = \frac{691}{2^3 \cdot 3^2 \cdot 5 \cdot 7 \cdot 13}$, $A_{14} = -\frac{1}{2^2 \cdot 3}$,

$A_{16} = \frac{3617}{2^5 \cdot 3 \cdot 5 \cdot 17}$, $A_{18} = -\frac{43867}{2^2 \cdot 3^3 \cdot 7 \cdot 19}$, $A_{20} = \frac{283 \cdot 617}{2^3 \cdot 3 \cdot 5^2 \cdot 11}$,

$A_{22} = -\frac{131 \cdot 593}{2^2 \cdot 3 \cdot 23}$, $A_{24} = \frac{103 \cdot 2294797}{2^4 \cdot 3^2 \cdot 5 \cdot 7 \cdot 13}$, $A_{26} = -\frac{657931}{2^2 \cdot 3}$,

$A_{28} = \frac{9349 \cdot 362903}{2^3 \cdot 3 \cdot 5 \cdot 29}$, $A_{30} = -\frac{1721 \cdot 1001259881}{2^2 \cdot 3^2 \cdot 7 \cdot 11 \cdot 31}$,

$A_{32} = \frac{37 \cdot 683 \cdot 305065927}{2^6 \cdot 3 \cdot 5 \cdot 17}$, $A_{34} = -\frac{151628697551}{2^2 \cdot 3}$.

これらの値を考察すると，分子と分母の素因数には大きな違いがあることに気付く．分母の方は，$p-1$ の周期で必ず p という素数が現れるが，分子の方はどのような素数が現れる

のか見当がつかない．しかしながら，実は分子の方も $p-3$ 番目までに出現すれば，必ず周期 $p-1$ で何度も現れるのである．この関係を示したものが次のクンマー (1810–1893) の合同式である[1]．

$$k \equiv k' \not\equiv 0 \bmod (p-1) \Rightarrow -\frac{B_k}{k} \equiv -\frac{B_{k'}}{k'} \bmod p.$$

そこで，素数に $p_1 = 2$, $p_2 = 3$, $p_3 = 5$, $p_4 = 7$, $p_5 = 11$, $p_6 = 13$, $p_7 = 17$, $\cdots$ と番号を付けて，分子に現れる素数にも同様に番号を付けよう．

$p_1^* = p_{12} = 37$, $p_2^* = p_{17} = 59$, $p_3^* = p_{19} = 67$,

$p_4^* = p_{26} = 101$, $p_5^* = p_{27} = 103$, $p_6^* = p_{32} = 131$,

$p_7^* = p_{35} = 149$, $p_8^* = p_{37} = 157$, $p_9^* = p_{51} = 233$,

   $\cdots\cdots$, $p_{47}^* = p_{125} = 691$, $\cdots\cdots$.

これらの素数が持つ重要な意味は，次の高名な予想の証明の努力の中で見出された．

――――――― フェルマー予想 ―――――――

n を 3 以上の整数とする．このとき，

$$x^n + y^n = z^n$$

を満たす整数の組 (x, y, z) であって，$xyz \neq 0$ となるものは存在しない．

　この命題は，ディオファントス (200–284 頃) による高名な著作『算術』のバシェ版の余白に，フェルマー (1601–1665) が証明なしに書き残したものである．

---

[1] 合同式 $n \equiv m \bmod l$ は，$n - m$ の分子が l で割れることを意味している．証明は荒川・伊吹山・金子『ベルヌーイ数とゼータ関数』（牧野書店）pp.44-47 参照.

$n = 2$ の場合は，$(x, y, z) = (3, 4, 5)$, $(5, 12, 13)$, $(7, 24, 25)$ など無限個の整数の組で等式が成立する．ところが，n が 3 以上になった途端，そのような組は皆無になるというのだ．

オイラーは，フェルマーが $n = 4$ で用いたと推測される無限降下法を他の命題の証明から見出し，この方法で $n = 3$ でも証明した[2]．3 以上の整数 n は必ず 4 または奇素数を素因数にもつため，後はこの命題を n が 5 以上の素数 p の場合に示せば良い．オイラーの後，ルジャンドル，ソフィー・ジェルマン，ディリクレ，コーシー，ラメらが部分的な結果を得る中で，19 世紀半ばのクンマーの貢献は極めて大きかった．彼は，$\alpha = e^{\frac{2\pi\sqrt{-1}}{p}} = \cos\frac{2\pi}{p} + \sqrt{-1}\sin\frac{2\pi}{p}$ として，

$$(x + y)(x + \alpha y)(x + \alpha^2 y) \cdots (x + \alpha^{p-1} y) = z^p$$

という因数分解の多様性を考察した．整数に α を加えた集合の中での分解であるため，必ずしも素因数分解の一意性は成立しない．この一意性を可能にするのが理想数という概念であり，理想数の集合と実際の数の集合との差を表すのが類数である．もし類数が p で割れなければ，上記のような分解は不可能であり，フェルマーの主張が成立する．そして，その類数が p で割れるか否かは，ゼータ値の分子に p が現れるか否かということに対応している．現れない素数は正則素数，現れる素数は非正則素数と呼ばれる．100 以下の 25 個の素数の中で，非正則素数は 37, 59, 67 の 3 個しかない．

では，ゼータ値に現れる非正則素数のベキ指数や位置 k は何を意味するのか？この答えを精密に与えるのが，岩澤健吉 (1917–1998) の理論を背景とした岩澤主予想であり，それは無

---

[2] 1753 年 8 月 4 日のゴールドバッハ宛の手紙に記している．ただし，1770 年の証明には複素整数の素因数分解に関わる興味深いギャップがあり，のちにルジャンドルが補った．

第 12 章　大いなる謎　169

限次拡大体の類数に関わる多項式と p 進 L 関数[3]の零点の対応となる.

高木貞治 (1875–1960) が証明した類体論により, 類数が p^m で割れることと p^m 次不分岐可換ガロア拡大体の存在することが対応する[4]. 1976 年の論文でリベットは, 非正則素数 p に対し保型形式[5]という豊富な対称性を持つ関数から, 志村によって構成されたアーベル多様体を経由して, p 次不分岐拡大体の存在を示した. この保型形式を得るための鍵が,

$$G_k(q) = -\frac{B_k}{2k} + \sum_{n \geq 1} \sum_{d|n} d^{k-1} q^n$$

という無限級数である. 例えば, $\zeta(12)$ に現れる $125 = p_3^3 = 5 \cdot 5 \cdot 5$ 番目の素数 691 に対しては,

$$G_{12}(q) = \frac{691}{65520} + q + 2049q^2 + 177148q^3 + \cdots$$

となる. メイザーとワイルズは, この対応を発展させて, 1984 年の論文で岩澤主予想を証明した.

フェルマー予想は, 最終的にこのワイルズによって証明される. 1985 年にフライはフェルマー予想に反例があれば保型形式と対応しない有理数体上の楕円曲線, すなわち保型性予想[6]の反例が構成されると主張し, 1986 年の夏にリベットはセールの ε 予想の証明によりこれを示した. したがってフェ

---

[3] クンマーの合同式は, 久保田-Leopoldt によって p 進的に連続な関数「p 進 L 関数」に発展した.

[4] 類体論の源流は, 1772 年にオイラーが予想し, 1796 年にガウスが証明した「平方剰余の相互法則」に求められる.

[5] 1750 年にオイラーが示した五角数定理 $\prod_{n=1}^{\infty}(1 - q^n) = \sum_{m=-\infty}^{\infty}(-1)^m q^{\frac{m(3m-1)}{2}}$ に保型形式の原型が現れる.

[6] 谷山-志村-ヴェイユ予想. 楕円曲線のゼータ関数はある種の保型形式のゼータ関数に対応することになる. 詳しくは, 加藤・黒川・栗原・斎藤『数論 I,II』, 斎藤『フェルマー予想』参照.

ルマー予想は，保型形式と楕円曲線との対応問題に帰着されたのである．

この分野の第一線で活躍していた数学者が，ワイルズであった．1993 年 6 月のケンブリッジ大学での集会では，それまでの 7 年間の研究の成果－類数の上界を与えるオイラー系[7]の応用，肥田理論やメイザーの変形理論での成果，素数 3 と 5 を用いた絶対ガロア群の表現でのトリックなど－による準安定な楕円曲線の保型性予想の証明の概略が述べられた．

ところが 1993 年の秋には，オイラー系の議論に問題が生じていることが明らかになった．しかし 1994 年 9 月 19 日，ワイルズは思いもかけず無限個の補助素数を用いた岩澤理論的なアイデアによってこの問題が解決されるという驚くべき発見に至った．こうして，フェルマー予想の証明は劇的な終結を迎えたのである[8]．

12.2 美しい関係

オイラーは，ゼータ関数と密接に関係する関数を太陽と月にたとえた．

$$\odot \cdot 1^m - 2^m + 3^m - 4^m + 5^m - 6^m + 7^m - 8^m + \&c.$$

$$\supset \cdot \frac{1}{1^n} - \frac{1}{2^n} + \frac{1}{3^n} - \frac{1}{4^n} + \frac{1}{5^n} - \frac{1}{6^n} + \frac{1}{7^n} - \frac{1}{8^n} + \&c.$$

そして，それらが満たす次の関係を論文の題名の中で「美しい」と称えた．

---

[7] 名称はゼータ関数の「オイラー積（因子）」に由来する．
[8] サイモン・シン『フェルマーの最終定理』にそのドラマが描かれている．

$$\frac{1 - 2^{n\cdot1} + 3^{n\cdot1} - 4^{n\cdot1} + 5^{n\cdot1} - 6^{n\cdot1} + \&c.}{1 - 2^{\cdot n} + 3^{\cdot n} - 4^{\cdot n} + 5^{\cdot n} - 6^{\cdot n} + \&c.} = \frac{-1.2.3.\cdots(n-1)(2^n-1)}{(2^{n\cdot1}-1)\pi^n}\cos.\frac{n\pi}{2}.$$

この論文は，それまでの彼のゼータ関数に関する研究の総まとめになっている．ここで，

$$Z(s) = 1 - 2^s + 3^s - 4^s + 5^s - 6^s + 7^s - \cdots$$

は，$Z(s) = \zeta(-s)(1 - 2^{1+s})$ となることに注意する．

リーマン (1826–1866) は，以下のように複素積分を鮮やかに利用して，$\zeta(s)$ を 1 を除く全複素平面に拡張し，さらにオイラーの美しい関係式を証明した．

まず，$\Gamma(s) = \displaystyle\int_0^\infty e^{-x}x^{s-1}dx$ は，s が正の整数 n のときに部分積分から $\Gamma(n) = (n-1)!$ が示されるので，階乗関数の拡張であることが分かる．また，変数変換によって $\displaystyle\int_0^\infty e^{-nx}x^{s-1}dx =$ $\displaystyle\int_0^\infty e^{-t}\left(\frac{t}{n}\right)^{s-1}\frac{dt}{n} = \frac{\Gamma(s)}{n^s}$ となることに注意すると，

$$\begin{aligned}\Gamma(s)\zeta(s) &= \sum_{n=1}^\infty \frac{\Gamma(s)}{n^s} = \sum_{n=1}^\infty \int_0^\infty e^{-nx}x^{s-1}dx \\ &= \int_0^\infty \left(\sum_{n=1}^\infty e^{-nx}\right)x^{s-1}dx \\ &= \int_0^\infty \frac{e^{-x}}{1-e^{-x}}x^{s-1}dx = \int_0^\infty \frac{x^{s-1}}{e^x-1}dx\end{aligned}$$

というオイラーの積分表示を得る．

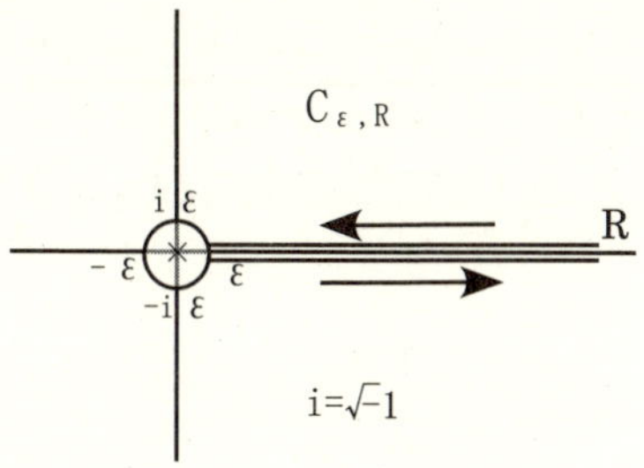

上図の積分経路を $C_{\varepsilon,R}$ として，複素積分

$$\lim_{\varepsilon \to 0, R \to \infty} \int_{C_{\varepsilon,R}} \frac{(-x)^{s-1}}{e^x - 1} dx$$

を考える．x と s は複素数であり，$(-x)^{s-1} = e^{\log(-x)(s-1)}$ という無限多価関数の値を定める必要がある[9]．$-x$ を x の $-\pi$ 回転と考えて，x が R から ε に近づくときは，$-x$ の偏角は $-\pi$ であり，$\log(-x) = \log(x(\cos(-\pi) + \sqrt{-1}\sin(-\pi))) = \log(x) - \sqrt{-1}\pi$ とする．すると，x が ε から R に離れていく時は $-x$ の偏角は π であり，$\log(-x) = \log(x(\cos(\pi) + \sqrt{-1}\sin(\pi))) = \log(x) + \sqrt{-1}\pi$ となる．

s の実部が 1 より大きい時には，小円上の積分は $\varepsilon \to 0$ で限りなく 0 に近付くため，上記の複素積分は，

$$\begin{aligned}
&(-e^{-\pi\sqrt{-1}(s-1)} + e^{\pi\sqrt{-1}(s-1)}) \int_0^\infty \frac{x^{s-1}}{e^x - 1} dx \\
&= (e^{-\pi s\sqrt{-1}} - e^{\pi s\sqrt{-1}}) \int_0^\infty \frac{x^{s-1}}{e^x - 1} dx \\
&= -2\sqrt{-1}\sin(\pi s)\Gamma(s)\zeta(s)
\end{aligned}$$

に一致する．そこで，s の実部が 1 より小さい時も，

$$\zeta(s) = \frac{\sqrt{-1}}{2\sin(\pi s)\Gamma(s)} \lim_{\varepsilon \to 0, R \to \infty} \int_{C_{\varepsilon,R}} \frac{(-x)^{s-1}}{e^x - 1} dx$$

---

[9] 第 6 章参照.

として $\zeta(s)$ の値を定義すれば，$\zeta(s)$ は 1 を除く複素平面全体で
1 価正則な関数に拡張される．さらに，関数等式 $\Gamma(s)\Gamma(1-s) = \dfrac{\pi}{\sin(\pi s)}$ と留数定理[10]から，負の整数でのゼータ値がベルヌー
イ数で書き下せることも分かる．

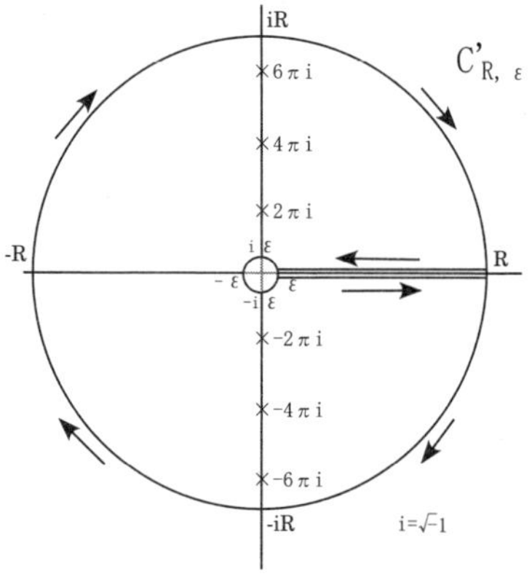

s の実部が負の時には，積分経路を上図の $C'_{R,\varepsilon}$ $(R \neq 2n\pi)$ と
すると，大円上での積分は $R \to \infty$ で限りなく 0 に近付き，

$$\zeta(s) = \frac{\sqrt{-1}}{2\sin(\pi s)\Gamma(s)} \lim_{R \to \infty, \varepsilon \to 0} \int_{C'_{R,\varepsilon}} \frac{(-x)^{s-1}}{e^x - 1} dx$$

と表示される．右辺の積分は，留数定理から，

$$-\sum_{n=1}^{\infty} 2\pi\sqrt{-1} \left((-2n\pi\sqrt{-1})^{s-1} + (2n\pi\sqrt{-1})^{s-1} \right)$$

$$= (2\pi)^s \sum_{n=1}^{\infty} n^{s-1} \left(\left(-\sqrt{-1}\right)^s - \sqrt{-1}^s \right)$$

$$= (2\pi)^s \zeta(1-s) \left(e^{-\frac{\pi}{2}\sqrt{-1}s} - e^{\frac{\pi}{2}\sqrt{-1}s} \right)$$

$$= (2\pi)^s \zeta(1-s)(-2\sqrt{-1}) \sin\frac{\pi s}{2}$$

---

[10] 積分経路内にある被積分関数の極でのローラン展開の -1 次の係数たち
から複素積分の値が定まる．第 6 章の複素関数 $\log s = \int s^{-1} ds$ の多価性が
重要なポイントになる．

となって，$\sin(\pi s) = 2\sin\dfrac{\pi s}{2}\cos\dfrac{\pi s}{2}$ より，

$$\frac{\zeta(1-s)}{\zeta(s)} = \frac{2\Gamma(s)}{(2\pi)^s}\cos\frac{\pi s}{2}.$$

s が正の整数 n のとき，$Z(s)$ と $\zeta(-s)$ の等式から，

$$\frac{Z(n-1)}{Z(-n)} = \frac{-1\cdot 2\cdot 3\cdots(n-1)(2^n-1)}{(2^{n-1}-1)\pi^n}\cos\frac{n\pi}{2}$$

というオイラーの「美しい関係」が得られる！

　関数の定義域の拡張や関数等式にいかなる価値があるのか疑問に思うかもしれない．しかし，1967 年の論文でヴェイユが示した次の命題から，その重要性の一端を垣間見ることができるだろう．
「楕円曲線とそのツイストたちのゼータ関数が複素平面上の関数に拡張されて自然な関数等式を満たせば，保型性予想は正しい」
　オイラーは，18 世紀半ばにそれらの原型とも言える $Z(s)$ やその一般化に当たる L 関数の関数等式の証明の重要性を予言していた．

　　　「この等式（美しい関係）の完全な証明は，それ
　　　は必ずやこの性質の様々な研究に大いなる光を与
　　　えるだろう」

この恐るべき洞察力には驚かざるを得ないが，さすがのオイラーも，クンマーからワイルズに至る展開は予測できなかっただろう．オイラーが産み出した数学は，彼を驚かせるだけの発展を遂げている．
　それにしても，『無限解析入門』出版の翌年に著され『ドイツ王女への手紙』と同じ年に出版されたこの『美しい関係』の

第 12 章　大いなる謎　175

論文中には，数多くの奇妙な記述がある．まず，なぜ題名に
わざわざ「美しい」という主観的な語句を用いたのか．関数
等式の一体どこが美しいと言えるのか．ゼータ関数のどんな
性質が太陽と月に似ているのか．なぜゼータ値を 34 まで求め
たことを宣言しているのか．何よりも，オイラーとは意味も
なく奇妙な記述を書き残すような学者だったのだろうか．

12.3　最大の謎

　オイラーにとって，自然界における最大の謎は重力であっ
た．しかし，『王女への手紙』の第 2 巻の最初の手紙では，さ
らに大きな謎があると主張する．

> 「魂 (ame) と体 (corps) との合一は，おそらく現
> 在から未来に至るまで神の全能のなかで最大の謎
> であり続けるだろう」

　オイラーにとって魂とは「考える，判断する，推論する，感
情を抱く，熟考する，望む，決意する」といった意志をつか
さどる対象である．現代では，大脳皮質，主に前頭葉がこれ
らの機能に関わっていることが知られている．

　彼は，魂に関する自分自身の無知を認めながらも，魂が物
質であることに対しては強く反対する．その理由のひとつは，
魂が物質だとすると，それは慣性と物体の不可入性に基づく
決定論的な対象となり，「自由意志」が否定されてしまうから
である．もし「自由意志」がないとすると，あらゆる人間の
行為に対する価値判断は根源的には無意味だという．いかな
る善悪やそれらの価値判断さえも，個人が選択できない物体
の必然的な運動が産み出すものに過ぎないからだ．さらに突
き詰めれば，世界が生まれた時点での初期値および世界が満
たす微分方程式によって，あらゆる未来が決定されていると

いう世界像に至る[11]．オイラーはこういった因果論や予定調和説を否定している．

　では，魂はどのように体に作用するのか？オイラーは，デカルトと同様に，脳内の「魂の座」と呼ばれる部分において感情の受け取りや動作の指示がなされていると主張する．具体的にデカルトはそれを松果体としたが，オイラーは神経線維が集まる脳梁と推測した．ただし現在のところ，オイラーが述べるような「自由意志」を肯定する魂の作用は脳内には何も見出されていない．このような場合，研究者はその存在に否定的な態度を取ることが多い．

　いずれにしても，オイラーが主張しているように，意志の根源的な解明は重力の解明よりもはるかに複雑で難しい可能性が高い．少なくとも，人間の意志を予測する手法は，重力理論による物体の運動を予測する手法ほど確立されているわけではない．その重力に関しても，根源的な正体は不明である．それを解き明かすためには，空間そのもののより深い理解が必要だと考える研究者もいる[12]．

　300年後の科学者は，空間，音，光，重力，さらに意志といった現象をどのように説明しているのだろうか．そして，彼らの説明と比べたときに，現代の我々の説明はどの程度まで近似しているのだろうか．科学の歴史は，過去数千年にわたり，根源的な現象の説明において近似解しか得ていなかったことを示している．現代だけが特別であるという根拠はどこにもない．

　『王女への手紙』の第2巻では，オイラーは彼の信仰に基づいた哲学的な主張を展開している．現代の我々の多くは，彼

---

[11] このような超越的な観測と計算ができる知性を「ラプラスの悪魔」と呼ぶ．ただし，量子現象からこのような計算による決定は原理的に不可能であると考えられる．

[12] リサ・ランドール『ワープする宇宙』参照．

第 12 章　大いなる謎　177

の主張に対し大きな違和感を抱くことだろう．その主な理由
は，我々が彼にとって大切だった知識の大半を知らないこと
にある．

　オイラーは，知識の源流を重要視しており，115〜120 通目
の手紙で以下の 3 種類に分類し考察する．

> 1．感覚による知識（経験，物理）
> 2．論証による知識（推論，論理）
> 3．他者による知識（信頼，倫理）

　どの知識が最も有効なのかを決めるのは困難であり，どの
知識であっても間違いを皆無にすることは不可能であるため，
我々はしばしば誤った方向に導かれるという．さらに，特定
の研究に対する執着がその人の思考方法に大きな影響を及ぼ
す危険性を指摘する．例えば，自然哲学者や解剖学者は自身
の経験だけ，幾何学者や論理学者は論証だけ，歴史学者は過
去の著者の権威だけといった特定の知識のみに頼る傾向があ
ると述べる．

　最も間違いに陥りやすい他者による知識については，オイ
ラーは注意深く問題点を拾い上げている．特に複数の証言に
ついて，次のように述べている．

> 「もし 2 人あるいは複数の者が，同じ事柄を同じ
> 状況で報告するならば，それは常に大きな証拠と
> なる．ただし，過度に細かい一致はしばしば疑惑
> を起こさせる．なぜならば，同じ出来事であって
> もそれぞれが異なる観点から見るため，ある者は
> その他の者が見落とした何らかの微かな状況に常
> に気付くからである．同じ出来事に対する報告の
> 微かな違い (une petite différence) は，その真実性
> を弱めるのではなく，むしろ証明するのである」

微かな現象に対する機敏な反応と粘り強い探究－これがオイラーの洞察力の根源にある[13]．天才的な洞察者は，誰もが見過ごす微かな現象からその背後にある未知の世界を感じ取る．そして己の直観を信じて，勇敢に粘り強くその世界を探検する．

　しかし，その世界があまりにも巨大すぎて，自分一人の手に負えない場合には，探検を引き継ぐ後継者を育てる必要がある．そのためには優れた教育が望まれるが，オイラーにとって最高の教育とは，師ヨハン・ベルヌーイが彼に与えたものだった．すなわち，少数の的確な助言による徹底的な自学自習である．才能を持つ者が微かな現象に気付いて未知の世界を進む能力を身に付けさえすれば，探検は決して終わらない[14]．オイラーの著作には，そういった研究者のための教育上の優れた配慮がある．

　オイラーは，『無限解析入門』の諸言にこう書き残した．

　　「実際，私はためらうことなく言明したいと思う．
　　この書物には明らかに新しい事物の数々がおさめ
　　られているが，そればかりではなく泉もまたあら
　　わになっていて，そこからなお多くの際立った発
　　見が汲まれるのである，と」

　　　ここにオイラー数学の源流がある．

---

[13] ヴェイユ『数論』pp.280-281 の見事なオイラー評による．
[14] ラグランジュ，ラプラス，ガウス，ヤコビ，リーマンといった後継者が挙げられる．

第 12 章 大いなる謎 179

--- オイラー周辺の人々 12 ---

ルネ・デカルト (1596 – 1650)

フランス生まれの哲学者・自然哲学者・数学者.「近代哲学の父」と称される.「我思う，ゆえに我あり」は哲学史上もっとも有名な言葉のひとつである. 機械論的世界観を提示し，粒子の渦状の運動として宇宙の創生を説く渦動説を唱えた. 第一元素（恒星を形成），第二元素（天に充満し光を伝達する小球），第三元素（彗星や遊星を形成）を用いた説であるが，デカルト自身の用語ではエーテルを第三元素からなるものとしている.

第2部　探究編

巨人オイラーを読み解く.

『ドイツ王女への手紙』

完全数と友愛数

完全数

自然数 n に対して，n 以外の約数を真の約数と呼ぶ．完全数とは，n の真の約数の和が n に一致する珍しい自然数のことである．例えば，

$$6 = 1 + 2 + 3 = (6 \text{ の真の約数の和})$$

となる 6 が最小の完全数であり，

$$28 = 1 + 2 + 4 + 7 + 14 = (28 \text{ の真の約数の和})$$

となる 28 が 2 番目に小さな完全数である．

完全数を見出すためには，メルセンヌ素数と呼ばれる素数（約数が 1 とそれ自身のみの自然数）が鍵となる．メルセンヌ素数とは，

$$M_n = 2^n - 1$$

という形の素数であり，4 番目までのメルセンヌ素数は $M_2 = 2^2 - 1 = 3$, $M_3 = 2^3 - 1 = 7$, $M_5 = 2^5 - 1 = 31$, $M_7 = 2^7 - 1 = 127$ となる．実は，このメルセンヌ素数から，

$$P_n = 2^{n-1} M_n$$

という完全数が構成される．$P_2 = 2^1 M_2 = 6$ であり，$P_3 = 2^2 M_3 = 28$ というわけである．

4 番目までのメルセンヌ素数は古代ギリシャの時代から知られており，16 世紀までにはさらに 3 つのメルセンヌ素数 M_{13}, M_{17}, M_{19} がカタルディ (1548 – 1626) らによって見出された．

17世紀には，メルセンヌ (1588 – 1648) が，257 以下の n で M_n が素数となるのは $n =2, 3, 5, 7, 13, 17, 19, 31, 67, 127, 257$ であると主張した．ただし，この主張は $n =67, 257$ で間違っており，いくつかの素数が抜け落ちている．

18世紀には，オイラーが偶数の完全数は $P_n = 2^{n-1} M_n$ という形の自然数に限られることを証明した．さらに，彼は 8 番目のメルセンヌ素数が M_{31} であり，8 番目の完全数が P_{31} であることを示したのである．

その後，200 年余りが経過した 2010 年現在では，計算機を用いて 47 個のメルセンヌ素数と完全数が見出されている．しかしながら，奇数の完全数があるかどうか，あるいは完全数が無限個存在するかどうかといった問題は，今なお未解決である．

友愛数

1 つの自然数の約数から完全数が定められたように，2 つの自然数の約数から友愛数が定められる．友愛数とは，n の真の約数の和が m になり，m の真の約数の和が n となる自然数の組 (n, m) のことである．例えば，$(220, 284)$ は，

$$220 = 1 + 2 + 4 + 71 + 142 \qquad = (284 \text{ の真の約数の和}),$$
$$284 = 1 + 2 + 4 + 5 + 10 + 11$$
$$+20 + 22 + 44 + 55 + 110 = (220 \text{ の真の約数の和})$$

であるから友愛数である．

古代ギリシャの時代よりこの最小の友愛数は知られていたが，17 世紀までに知られていた友愛数はわずか 3 組に過ぎなかった．ところがオイラーは，1747 年頃に著した論文において，61 組（59 組と 2 組）もの友愛数のリストを書き残したのであった．まえがきにその驚くべきリストを掲げている．なお，I～III の組がオイラー以前に求められていた友愛数である．また，

オイラーが記した友愛数はこれらの他に $(2^2 \cdot 5 \cdot 131,\ 2^2 \cdot 17 \cdot 43)$,
$(2^2 \cdot 5 \cdot 251,\ 2^2 \cdot 13 \cdot 107)$, $(2^4 \cdot 19 \cdot 8563,\ 2^4 \cdot 83 \cdot 2039)$ があ
る.ただし,XXXIV と最後の組は友愛数ではなく,XLIII の
57 は 47 の間違いである.

2 番目に小さな友愛数の $(1184, 1210) = (2^5 \cdot 37,\ 2 \cdot 5 \cdot 11^2)$
という組は,なぜかここで見落とされている.それは,およ
そ 100 年後の 1867 年に,イタリアの大学生パガニーニによっ
てようやく見出されることとなった.

オイラーの計算から 260 年余りが経過した 2010 年現在で
は,電子計算機を用いておよそ 1200 万組の友愛数が見出され
ている.しかしながら,奇数と偶数の友愛数の組があるかど
うか,あるいは友愛数の組が無限個存在するかどうかといっ
た問題は,今なお未解決である.

次ページ以降の数表は,オイラーが友愛数を求める際に利
用したものである.1000 以下の素数のベキ p^n の約数和が記
されている.ただし,79^n の項

$$79 : 2^5 \cdot 5,$$
$$79^2 : 3 \cdot 7^2 \cdot 43,$$
$$79^3 : 2^5 \cdot 5 \cdot 3121$$

が 1 つ脱落しているが,友愛数の表ではこの素数は現れている.

素数ベキの約数和 A

素数ベキの約数和 B

オイラーの表記法に従い，n の約数和（n も含める）を $\int n$ と書くと，(n, m) の組は，

$$\int n - n = m, \quad \int m - m = n \iff \int n = \int m = n + m$$

が成立するときに友愛数となる．

$(1184, 1210)$ を例にとると，約数和の表から，$\int 2^5 = 1 + 2 + 4 + 16 + 32 = 3^2 \cdot 7$，$\int 37 = 1 + 37 = 2 \cdot 19$，$\int 2 = 1 + 2 = 3$，$\int 5 = 1 + 5 = 2 \cdot 3$，$\int 11^2 = 1 + 11 + 121 = 7 \cdot 19$ となり，

$$\int (2^5 \cdot 37) = \int 2^5 \int 37 = 2 \cdot 3^2 \cdot 7 \cdot 19 =$$
$$\int (2 \cdot 5 \cdot 11^2) = \int 2 \int 5 \int 11^2 = 2^5 \cdot 37 + 2 \cdot 5 \cdot 11^2$$

となるため，$(1184, 1210) = (32 \cdot 37, \ 2 \cdot 5 \cdot 121)$ の組が友愛数であることが分かる．

1　バッハの謎掛け

　巨匠による謎掛けがいかに壮大であるかを，バッハの謎掛けの例から学んでおこう．以下の『音楽の捧げもの』に対する解釈は，フスマンに基づいている[1]．

　バッハが王に献呈した『音楽の捧げもの』は，以下のような2部構成の構造を持っていると解釈されている．

第一部

NC	$F3(c)$
C	$*C3(sss)$ $*C2(ss) \; *C3(sss) \; *C3(sss) \; *C3(sss) \; *C3(sss)$ $CF3(sss)$

第二部

NC	$F6(c)$			
C	$*C2(c) \; *C4(cc)$			
NC	$S3(fsc)$	$S3(fsc)$	$S3(fsc)$	$S3(fsc)$
C	$C3(fsc)$			

曲の形式
NC：カノンでないもの，C：カノン，F：フーガ，$*C$：謎カノン，CF：カノン・フーガ，S：ソナタ

楽器
c：チェンバロ，s：弦楽器，f：フルート，数字：声部の数

---

[1] Musikalisches Opfer (Archiv) の日本版での東清一氏の解説文を参照．

第1章 バッハの謎掛け 187

　第二部では，第一部の様々な要素が二倍になっている．謎カノンに対しては，バッハが記した奇妙な楽譜から正しい楽譜と正しい楽器構成を解き明かさなければならない．次ページの逆行カノン（蟹行カノン）は，その中で最も易しいものである．「逆行カノン」という名前の通り，原譜の旋律に対し終わりから読んだ旋律を対位旋律として2つの弦楽器で演奏すれば，謎が解決される．

　この他には，無窮カノン，同度カノン，反行カノン，反行の拡大カノン，螺旋カノンと名付けられたカノンがある．名前からどのようなアイデアによる曲なのかおぼろげに見当がつくことだろう．

　しかし，このように多くのアイデアを現実の曲にするためには，熟練した作曲の能力に加え，多くの時間が必要とされるはずである．ところがバッハは，わずか2ヶ月で謎カノン6曲を含む8曲を作り上げ，第二部の完成を待たずに王に献呈したのである．なぜこれほどまでに急ぐ必要があったのだろうか．

　その答えのひとつの候補は，バッハが大王に作品を献呈した日付 (1747.7.7) である．敬虔で知的なキリスト教徒にとって，聖書に繰り返し現れる数字は極めて意義深い．彼らは幾度も聖書を読み返すことによって，その数字の不思議に何度も思いを巡らさざるを得ない．

　現代でもそれは変わらない．1979年に計算機科学・認知科学を専門とするダグラス・R・ホッフスタッターは，この『音楽の捧げもの』を主題にして『ゲーデル，エッシャー，バッハ』を著した．アカデミックを中心に熱狂的なファンを獲得したこの著書においても，この数字 777 は総ページ数として原著では見事に記されている．

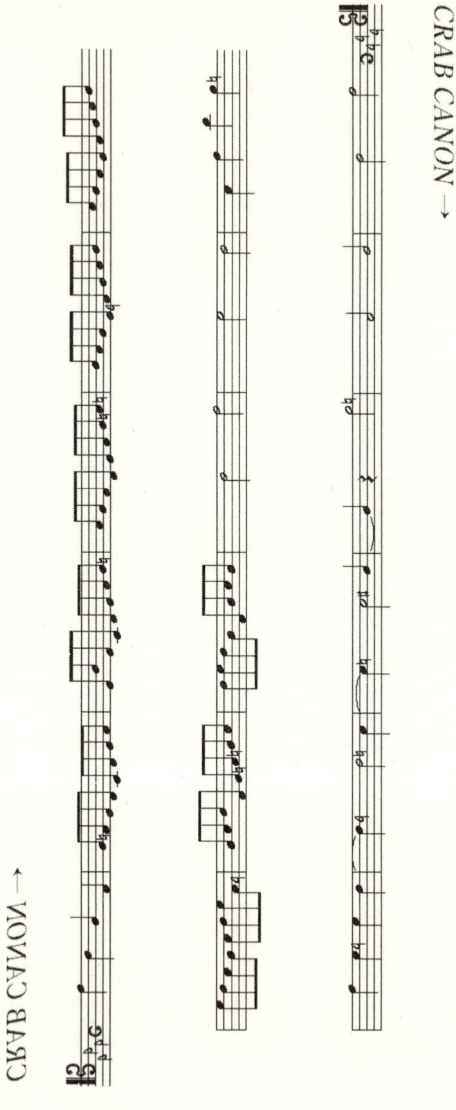

188

CRAB CANON →

CRAB CANON →

第1章　バッハの謎掛け　189

　なぜ彼らはこういった謎掛けをするのだろうか．その答え
は，バッハが2声のカノン曲の原譜に記した言葉の中に凝縮
されている[2]．

　　　「求めよ，さらば見出さん (Quaerendo invenietis)」

謎を追い求める者は，いつしか謎を掛けることになる．なぜ
ならば，自身が謎解きによって見出した喜びを多くの人にも
味わってもらいたいと熱望するからである．
　謎掛けは「遊び心」から生まれる．しかし，バッハの謎掛
けは単なる娯楽ではない．高い精神性に基づく「真剣な遊び
心」によるものである．なお，フリードリッヒ大王は，この
優れた作品に対して返礼しなかったとされる．

　当時の敬虔なキリスト教徒にとっては，聖書の引用はごく
自然なことであった．変分法の論文の最初にも，荒れた海と
山と船が描かれた文字絵があり，創世記のノアの箱舟からの
引用であると推測される．この種の文字絵としては，『無限解
析入門』の冒頭に描かれた「鳩とオリーブ」「蜜蜂」「蛇と杖」
などがある[3]．これらはおそらくオイラーの「真剣な遊び心」
によるものと考えるのが自然ではないだろうか．

————————————
[2] マタイ：第7章第7節.
[3] 本書 p.204 参照.

2 対数値

『無限解析入門』には，超越関数の 1 つである対数関数の近似値計算が述べられている．それは，

$$\log_{10} 5$$

を求めるもので，次の対数関数の性質に基づいている．

$$\begin{aligned}
\log \sqrt{ab} &= \log(ab)^{\frac{1}{2}} \\
&= \frac{1}{2}\log(ab) \\
&= \frac{\log a + \log b}{2}.
\end{aligned}$$

このように，加法，乗法，除法，平方根を開くといった代数的演算を用いて，$A = 1, B = 10$ から始めて，

$$Z = 5.000000$$

となるまで計算を続ける．こうして対数値 $\log_{10} 5$ の近似値が求まるわけである．

次ページ以降のリストは，『無限解析入門』に記された最初の数値リストである．小数点以下 7 桁までの近似値を表示することにより，アルファベットの A に始まり最後は見事に Z で正確な $\log_{10} 5$ の近似値

$$l\,Z = 0.6989700$$

が求まっている．

ところが次ページ以降で示すように，途中の数値の多くは正しい数値とは微妙にずれてしまっている．

第 2 章　対数値　191

オイラーによる数値リスト

$A = 1,000000;$　$lA = 0,0000000$
$B = 10,000000;$　$lB = 1,0000000;$
$C = 3,162277;$　$lC = 0,5000000;$
$D = 5,623413;$　$lD = 0,7500000;$
$E = 4,216964;$　$lE = 0,6250000;$
$F = 4,869674;$　$lF = 0,6875000;$
$G = 5,232991;$　$lG = 0,7187500;$
$H = 5,048065;$　$lH = 0,7031250;$
$I = 4,958069;$　$lI = 0,6953125;$
$K = 5,002865;$　$lK = 0,6992187;$
$L = 4,980416;$　$lL = 0,6972656;$
$M = 4,991627;$　$lM = 0,6982421;$
$N = 4,997142;$　$lN = 0,6987304;$
$O = 5,000052;$　$lO = 0,6989745;$
$P = 4,998647;$　$lP = 0,6988525;$
$Q = 4,999350;$　$lQ = 0,6989135;$
$R = 4,999701;$　$lR = 0,6989440;$
$S = 4,999876;$　$lS = 0,6989592;$
$T = 4,999963;$　$lT = 0,6989668;$
$V = 5,000008;$　$lV = 0,6989707;$
$W = 4,999984;$　$lW = 0,6989687;$
$X = 4,999997;$　$lX = 0,6989697;$
$Y = 5,000003;$　$lY = 0,6989702;$
$Z = 5,000000;$　$lZ = 0,6989700;$

正しい数値リスト

$A = 1.000000$ $lA = 0.0000000$

$B = 10.00000$ $lB = 1.0000000$ $C = \sqrt{AB}$

$C = 3.162277$ $lC = 0.5000000$ $D = \sqrt{BC}$

$D = 5.623413$ $lD = 0.7500000$ $E = \sqrt{CD}$

$E = 4.216965$ $lE = 0.6250000$ $F = \sqrt{DE}$

$F = 4.869675$ $lF = 0.6875000$ $G = \sqrt{DF}$

$G = 5.232991$ $lG = 0.7187500$ $H = \sqrt{FG}$

$H = 5.048065$ $lH = 0.7031250$ $I = \sqrt{FH}$

$I = 4.958068$ $lI = 0.6953125$ $K = \sqrt{HI}$

$K = 5.002864$ $lK = 0.6992187$ $L = \sqrt{IK}$

$L = 4.980416$ $lL = 0.6972656$ $M = \sqrt{KL}$

$M = 4.991627$ $lM = 0.6982421$ $N = \sqrt{KM}$

$N = 4.997243$ $lN = 0.6987304$ $O = \sqrt{KN}$

$O = 5.000053$ $lO = 0.6989746$ $P = \sqrt{NO}$

$P = 4.998647$ $lP = 0.6989525$ $Q = \sqrt{OP}$

$Q = 4.999350$ $lQ = 0.6989135$ $R = \sqrt{OQ}$

$R = 4.999701$ $lR = 0.6989440$ $S = \sqrt{OR}$

$S = 4.999877$ $lS = 0.6989593$ $T = \sqrt{OS}$

$T = 4.999965$ $lT = 0.6989669$ $V = \sqrt{OT}$

$V = 5.000009$ $lV = 0.6989707$ $W = \sqrt{TV}$

$W = 4.999987$ $lW = 0.6989688$ $X = \sqrt{WV}$

$X = 4.999998$ $lX = 0.6989698$ $Y = \sqrt{VX}$

$Y = 5.000003$ $lY = 0.6989703$ $Z = \sqrt{XY}$

$Z = 5.000000$ $lZ = 0.6989700$

誤差

$E - 0.000001$	$lE - 0.000000$
$F - 0.000001$	$lF - 0.000000$
$I + 0.000001$	$lI - 0.000000$
$K + 0.000001$	$lK - 0.000000$
$L - 0.000000$	$lL - 0.000000$
$N - 0.000001$	$lN - 0.000000$
$O - 0.000001$	$lO - 0.000001$
$S - 0.000001$	$lS - 0.000001$
$T - 0.000002$	$lT - 0.000001$
$V - 0.000001$	$lV - 0.000000$
$W - 0.000003$	$lW - 0.000001$
$X - 0.000001$	$lX - 0.000001$
$Y - 0.000000$	$lY - 0.000001$

これほど簡単な代数的計算であるにも関わらず，二つのリストでは $11 + 6 = 17$ 個も数値が異なっている．なお，ここで与えた数値リストの値は切捨てによるものであるが，四捨五入による数値にすると 30 個もの値が異なることになる．

どうしてオイラーは，このような間違いを大量におかしたのだろうか．

3　問題の背景

前章の $\log_{10} 5$ の数値リストの最終桁には，以下に示すようにぞろ目や完全数などの数字が並んでいる[1]．

$$
\begin{aligned}
lO &= o, \quad 6989745; \\
lP &= o, \quad 6988525; \\
lQ &= o, \quad 6989135; \\
lR &= o, \quad 6989440; \\
lS &= o, \quad 6989592; \\
lT &= o, \quad 6989668; \\
lV &= o, \quad 6989797; \\
lW &= o, \quad 6989687; \\
lX &= o, \quad 6989697; \\
lY &= o, \quad 6989702; \\
lZ &= o, \quad 6989700;
\end{aligned}
$$

　偶然の間違いによって，これほど見事に数字が並ぶことがあり得るだろうか．それを調べるためには，多くの計算家に同じ計算を試してもらうとよいだろう．けれども，たとえ数十億人の計算家に試してもらったとしても，おそらく一人としてオイラーの数値に完全に一致する数値を得ることはないだろう．なぜならば，完全に一致するためには有効桁数 6 までの加減乗除および平方根の計算結果が全ての数値で正確でなければならない．それほどの計算力をもった人々が突如最終 7 桁のみ 17 個もオイラーと全く同じ箇所で全く同じように間違う確率は，数十億分の一よりもずっと低いと考えられるからである．

　実は，このように数字が見事に並んでいるのは，この箇所だけではない．第 1 部第 3 章の例には，一見不可解な数字や言葉が現れていることに気付く．それぞれ取り上げてみよう．

---

[1] 実はこれらは，『無限オイラー解析』に現れる数字と見事に符合する．

第 3 章　問題の背景　195

───── $2^{\frac{7}{12}}$ の由来（例 C1）─────

この無理数はいったいどのような場面で現れるのだろう
か．また，なぜこのような無理数を取り上げたのだろうか．

（解釈）この数は，音楽に現れる重要な数である．平均律では
半音階上がるごとに周波数が $2^{\frac{1}{12}}$ 倍され，7 半音階上がると
$2^{\frac{7}{12}} = 1.498\cdots$ 倍となる．これは純正律の場合の $3/2 = 1.5$
倍に対応するもので，極めて単純な数の比であることから，同
音階（周波数 1 倍），1 オクターブ上の音階（周波数 2 倍）の
次によく調和する音（周波数 1.5 倍）を与えるとされている．
$2^{\frac{7}{12}}$ と $3/2$ は，非常に近い値になっていることに注意する．な
お，「ド」の 7 半音階上に当たるのは「ソ」である．

───── 洪水の出典（例 C3）─────

洪水とはいったい何のことだろうか．また，6 人の人間と
は誰のことなのだろうか．

（解釈）オイラーが敬虔なキリスト教徒であったことを考える
と，この洪水は旧約聖書の創世記第 7 章に記されている洪水
であると推測できる．この洪水は 40 日 40 夜続き，ノアとそ
の妻，ノアの息子セム，ハム，ヤペテとその妻たちは，箱舟
に乗って難を逃れたという．6 人の人間とは，子孫をふやすこ
とができたノアの息子とその妻たちであると推測される．

───── 人口問題の反復（例 C2, C3, C4, D1）─────

なぜこのように何度も人口の問題を取り上げているのだ
ろうか．

（解釈）例 C3 と例 C4 の解答のあとに，オイラーは以下のように付け加えている．

> 「所定の人口増加が実現するには，毎年 16 分の 1 ずつ増えていけば十分である．年齢が高い者もいることであり，この程度の増加ぶりはそれほど大きすぎるとは思われない」
> 「かくも短期間に一人の人間に端を発して地球全体が人間で一杯になってしまう可能性を否定する，あの不信心な人々の非難は，はなはだばかげたものになってしまう」

つまり，聖書批判への反論になっている．『無限解析入門』の本文では，信仰に関わるのはここだけのようであり，特異な箇所である．

$2^{2^{24}}$ の選択（E）

2^{2^n} の中で，なぜ $2^{2^{24}}$ を選んだのだろうか．また，なぜオイラーは 11 番目の数字を 1 だけ多く間違えたのだろうか．

（解釈）まず，2^n をひとつずつ書き出してみよう．

1, 2, 4, 8, 16, 32, 64, 128, 256, 512,
1024, 2048, 4096, 8192, 16384, 32768,
65536, 131072, 262144, 524288, 1048576,
2097152, 4194304, 8388608, **16777216**,
33554432, 67108864, 134217728, 268435456,
536870912, 1073741824, 4294967296, 8589934592

これらの数の中で最初にぞろ目の「777」が現れるのが，2^{24} である．さらに 11 番目の 1 ということで，合わせればまたも

ぞろ目の「111」が現れる.

実際に,奇妙な記述が記された箇所に,何度もぞろ目が現れていることは事実である.もし「全ての現象は偶然による」という万能の解釈で済ませたくなければ,これらの数を登場させるためにオイラーが意図的に 2^{24} を選んだり,意図的に11番目の数に「1」を加えたりした可能性についても考慮する必要がある.

実は『無限解析入門』が出版された1748年頃に著述された『微分計算教程』の後半の第4章でも,オイラーは全く同じ問題を解いており,この問題に対する強い思い入れが伝わってくる.旧約聖書の創世記において1週間の日数が「1+6=7」と説明されていたことを考慮すれば,敬虔なキリスト教徒であったオイラーが,「16777216」という数字を好んで選択したとしても決して不思議なことではない.

『微分計算教程』において,オイラーが与えた解答は,19桁の数値で15番目の数字まで正しい値

$$1818585298569737997$$

であった.なお,オイラーはこの数値を「おそらく最後の数字を除いて全て正しい」としているが,実際に計算すると19番目までの正しい数字は1818585298569738007であることが分かる.最終4桁の数字を除いて正しいとするべきだが,その微かな違いのおかげで第1部で登場した数字「799」が偶然にも現れている[2].

それにしても,『無限解析入門』と『微分計算教程』において,6桁,11桁,19桁という中途半端な桁数で,何度もこの数値を記したのはなぜなのだろうか.

---

[2] 第1部第5章の $\log 7$ の計算を参照.

198

EXEMPLUM.

Quaeratur numerus isti binarii potestati, $2^{2^{24}}$ aequalis.

Cum sit $2^{24} = 16777216$, erit $2^{2^{24}} = 2^{16777216}$, sumendisque logarithmis vulgaribus, erit huius numeri logarithmus $= 16777216\; l2$. Cum autem sit:

$l2 = 0,30102999566398119521373889$

numeri quaesiti logarithmus erit.

$5050445,25973367593203906$

cuius characteristica indicat numerum quaesitum exprimi 5050446 figuris, quae cum omnes exhiberi nequeant, sufficiet figuras initiales assignasse, quae ex mantissa

$,25973367593203906 = u$

investigari debent. Ex tabulis autem colligitur, numerum cuius logarithmus proxime ad hunc accedat fore $18.101 = 1,818$; qui ponatur y; cuius logarithmus

$x = 0,25959387888594644$, unde erit

$\omega = 0,00013979704609419$. Cum iam sit

$a = 10$ erit

$la = 2,30258509299404568401799914$ &

$\omega la = 0,00032189459437239\underline{8}$ Deinde erit

$y = 1,818000000000000000$

$\dfrac{\omega la}{1}\; y = 585204372569020$

$\dfrac{\omega^2 (la)^2}{1.2}\; y = 94187062064$

$\dfrac{\omega (la)^3}{1.2.3.}\; y = 10106100$

$\dfrac{\omega^4 (la)^3}{1.2.3.4}\; y = 813$

1818585298569737997

haeque sunt figurae initiales numeri quaesiti, cuius omnes figurae excepta forte ultima sunt iustae.

『無限解析入門』の例では，純粋数学以外の領域（神学，音楽，天文学[3]）をわずかではあるが取り上げている．さらに文章だけではなく，『無限解析入門』の冒頭にある3つの文字絵

---

[3] 『無限解析入門』第1巻の最終章において，天文学に関わるユリウス暦とグレゴリオ暦が連分数を用いて説明される．

でも聖書を引用している[4].

　当然のことながら,『無限解析入門』は無限解析の基礎と応用を書き記した教本である. しかし, これらの記述を考慮すると, オイラーは次のような意図を『無限解析入門』に込めた可能性を考えざるをえない[5].

　　　　　数学は, 多様な世界を秘めている.

この世界とは, 神学, 音楽, 図学, 天文学などの諸学問領域が対象とする広大な世界を意味する[6].

　もしそのような問題を提出したとすれば, 出題者にはその解答を残す義務が生じる. 本書では,『無限解析入門』に込めた多様な世界をその順序どおりに記した解答が『王女への手紙』第1・2巻であるという可能性を考察している.

　『王女への手紙』を実際に読み進めると, その中で徹底的に守られたある制約に気付く. それは,『無限解析入門』とは正反対に, この著書の中には独立した数式がほとんど現れないことである. 本来ならば, もっと数式が使用されるべき科学的な内容であり, 当時オイラーこそが最も大量の数式を扱った学者であったにも関わらず, である.

　この徹底した制約は, 非専門家に向けて書かれたという理由とともに,『無限解析入門』とも大いに関係しているのではないだろうか. すなわち, オイラーは『無限解析入門』とは正反対に, 彼独特の「逆転の発想」によって,『王女への手紙』に次のような意図を込めたという推測である.

　　　　　世界は, 多様な数学を秘めている.

---

[4] 本書 p.204 参照.

[5] これは,『無限オイラー解析』の主張である.

[6] 『無限解析入門』の巻頭には, これらの分野を暗示する絵（本書 p.216）が掲載されている.

4 巨大な誤差

───『ドイツ王女への手紙』の最初の誤差───

地球から月までの距離を 51600 地理マイルとしたので
51600×24000 = 1238400000 フィート であり，273640000
フィートは間違いである．

天才計算家とされるオイラーが，なぜこれほど単純な掛け
算で間違いをおかしたのだろうか．51600 に 24000 を掛けれ
ば，最初の 2 桁が「12」で最後の 5 桁が「00000」になること
くらいはすぐに分かりそうなものである．

この間違いは，1768 年，1770 年，1774 年に出版されたフラン
ス語版において共通している．その一方で，1769 年，1773 年
に出版されたドイツ語版では以下のように正しく 1238400000
フィートと記されている．

seine Entfernung von der Erde nicht mehr als ungefehr
30 Erddiameter beträgt, welches 51600 Meilen, oder
1,238,400,000 Füße macht; aber das erste Maaß von
30 Erddiametern ist das klärste． Die Sonne ist unge-
fehr 300 mal weiter als der Mond; ihre Entfernung
also von 9000 Erddiametern, giebt uns eine deutlichere

オイラーが他の版を参照せず独立に計算して違いが生じた
のか，それともドイツ語版では何者かが勝手に数値を直してそ
の修正をオイラーに一切報告しなかったということだろうか．

フランス語版の数値に無理矢理合わせるためには，3 回程度
の偶然の間違いを立て続けにおかさなければならない．例え
ば，以下のような計算である．

第 4 章　巨大な誤差　201

$$
\begin{array}{r}
5160 \rvert \\
\times\ 54000 \\
\hline
2064 \\
2530 \quad\quad \\
\hline
273640000
\end{array}
$$

1）0を1つ脱落する.
2）2を5と間違える.
3）8を3と間違える.

複雑な級数の計算を頭の中だけでこなし，1時間で円周率を
20桁も求めたとされる天才計算家が，これほどひどい間違い
をおかすのは不思議である.

　『無限解析入門』の大量の誤差の場合も同様の現象が起き
ている. 計算家が真剣に考察すれば，誤差たちが通常の計算
間違いでは説明できないことに気付く. そして，誤差の中に
著者の何らかの意図があるのではないかと次第に思うように
なる. このように原因不明のため気付いた者を悩ませるのだ
から，これは一種のパズルである.

　問題の位置を明確にしないこの種のパズルでは，フェアな出
題者は問題の直前か直後で何らかの形で問題をほのめかす必
要がある[1]. この場合は,「フィートで表せば，432000フィー
トという理解を超えるような大きさになる」「月までの距離は
地球の直径の30倍という表示が最も分かりやすい」という文
章がそれに当たると考えられる. 確かにこの数値は「理解を
超えるような大きさ」になっている. そして，これほどの長距
離をフィートで表示しても分かりにくいだけで，必要とされ
ない数値にパズルを仕掛けても問題はないということである.

　それでは，このパズルはどのように解けばよいのだろうか.
この数値は実際の数値の4分の1程度なので，法定マイルとの勘
違いがまず思い浮かぶ. すなわち，$51600 \times 5280 = 272448000$

---

[1] 前章の音楽・聖書・ぞろ目の問がそれに当たる.

の間違いであると推測される．けれども，この推測だけでは
数値は一致しない．

$$273640000 - 272448000 = 1192000 = 149 \times 8000$$

という誤差が残ってしまう．149 と 8 という数字を記憶に留め
ておこう．

　『王女への手紙』－この著書が出版された理由は何だった
のだろうか．それを知るために，最初の手紙の最後に記され
た言葉を引用しよう．極小の微生物から極大の全宇宙を述べ
た後に記された彼の言葉は，オイラーの意図を解き明かすヒ
ントになるだろう．

　　「広大無辺 (immensité) なるは全能者のみわざ[2].
　　全能者は，全宇宙という極大から極小に至るまで，
　　さらには我々が気にかけている戦いの成否という
　　出来事までも支配している」

　『無限解析入門』－この魅力的な題名の「無限」に，オイ
ラーがこめた意味とは何だったのだろうか．彼が「無限」を
どのように考えていたかを知るために，ゴールドバッハ宛の
手紙から物体や空間の無限分割に関する言葉を引用しよう[3].

　　「分割可能性はいかなる限界をも超えるのか，あ
　　るいは一定の段階でそれ以上分割できないものに
　　達するのか．… しかし大抵，このような無限に
　　ついては倒錯した観念（verkehrte Ideen）が得ら
　　れ，そのような不合理も解消するのである」

---

[2] 原文 "Toute cette immensité est l'ouvrage du Tout puissant".
詩篇 111 第 2 節前半 "Great (gadol) are the works of the Lord"

[3] フェルマン『オイラー　その生涯と業績』p.126 参照．

5 アルファベット

　オイラーは，古代の文字に関して豊富な知識を持っていたと考えられる．というのも，彼はバーゼル大学時代に牧師になるために神学校に入学しており，ラテン語，ギリシャ語，ヘブライ語は必須科目だったからである．また，オイラーは言語の能力に優れていたとされ，その証拠にラテン語，フランス語，ドイツ語，ロシア語，英語によって論文や手紙が書かれている．このような素養があったからこそ，『無限解析入門』で24文字のラテン文字，24文字のギリシャ文字といった二種類のアルファベットを表示したのだろう．そうすると，残ったもう1つのリストにおける22文字のアルファベットから，詩篇が作られた当時の古ヘブライ文字が思い浮かぶ．

　ここでまとめておこう．ラテン文字は，古ヘブライ文字（22文字）にギリシャ文字（24文字）の一部が加わり，さらに後世 W,U,J が増えることによって，18世紀以降用いられた26文字となった．

　それでは逆に，現在のラテン文字の26文字中，元の古ヘブライ文字と順番通り対応するものは何文字あるのだろうか．つまり，後から合成された文字を除外すると何文字になるのか．その答えは，G,J,U,V,W,X,Y,Z を除いた

$$ABCDEF\ HI\ KLMNOPQRST$$

の18文字である．以上を式として記述してみよう．

古ヘブライ文字 (22) ＋ ギリシャ文字 (24) → ラテン文字 (26)

ラテン文字 (26) − 合成された文字 (8) → ラテン文字の一部 (18)

　詩篇にはもともと曲が付けられていた．神への賛美のために楽器の演奏とともに歌われたとされるが，それらの曲は失

われてしまった．オイラーが信仰したカルヴァンの教えは禁欲主義で知られ，音楽に関してもその態度は変わらなかった．ただし詩篇に関しては，カルヴァンは彼自身の経験を通して「この宝庫に輝く豊かさを，言葉によって表すことは容易ではない」と賛美している．そして，カルヴァン主義の信徒によっても，詩篇のための多くの曲が作られた．

オイラーは敬虔なキリスト教徒として，毎晩のように家族を集めて説教とともに聖書の各章を読んだと伝えられている．今からおよそ三千年前の詩篇を，オイラーはどのように歌ったのだろうか[1]．

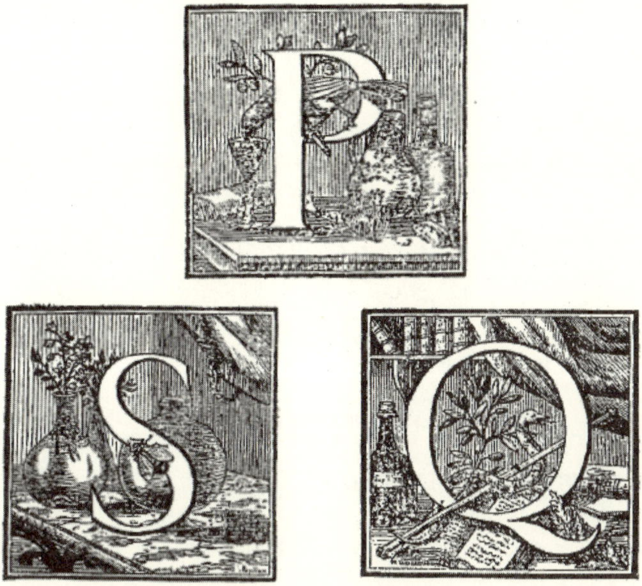

『無限解析入門』第 1 巻の巻頭の 3 つの文字

---

[1] 附録 C 参照.

6 無限級数

　1739 年頃に著され，1750 年に出版された E128 には，『無限解析入門』と同じく，人工的な正弦関数・余弦関数の無限級数展開の表示を見出せ (Inuenire) という問題がある．以下では，円周率 π の半分 q が不正確に記されており（31 桁の数値で「13」が重複），$\frac{m}{n} < \frac{1}{2}$ として値が求められることや，28 個の数字による精度であることなどが述べられている．

Problema 3.

§. 20. Inuenire canonem generalem, ad finus et cofinus angulorum quorumcunque inueniendos idoneum.

Solutio.

Formulae, quas hic pro finibus et cofinibus exhibuimus, fi euoluantur, recidunt ad formulas iam pridem notas; scilicet pofito arcu circuli $= s$, fit

fin. A . $s = s - \frac{s^3}{1 \cdot 2 \cdot 3} + \frac{s^5}{1 \cdot 2 \cdot 3 \cdot 4 \cdot 5} - \frac{s^7}{1 \cdot 2 \cdot \ldots \cdot 7} + $ etc.

cof. A . $s = 1 - \frac{s^2}{1 \cdot 2} + \frac{s^4}{1 \cdot 2 \cdot 3 \cdot 4} - \frac{s^6}{1 \cdot 2 \cdot \ldots \cdot 6} + $ etc.

pofito finu toto $= 1$. Quodfi ergo ponatur q pro arcu 90. graduum, fumaturque arcus propofitus $s = \frac{m}{n} q$, fiet

fin. A . $\frac{m}{n} q = \frac{m}{n} \cdot q - \frac{m^3}{n^3} \cdot \frac{q^3}{1 \cdot 2 \cdot 3} + \frac{m^5}{n^5} \cdot \frac{q^5}{1 \cdot 2 \cdot 3 \cdot 4 \cdot 5} - $ etc.

cof. A . $\frac{m}{n} q = 1 - \frac{m^2}{n^2} \cdot \frac{q^2}{1 \cdot 2} + \frac{m^4}{n^4} \cdot \frac{q^4}{1 \cdot 2 \cdot 3 \cdot 4} - $ etc.

Cum igitur fit $q = \frac{\pi}{2}$ erit

$q = 1,5707963267948966192313132169 16$

Hoc vero valore loco poteftatum ipfius q computato ac fubftituto, obtinebuntur formulae numericae, quibus tam finus quam cofinus arcus $\frac{m}{n} q$ exprimentur. Quoniam vero tantum pro arcubus $45°$ minoribus finus et cofinus defiderantur erit $\frac{m}{n} < \frac{1}{2}$, et hanc ob rem feries datae maxime conuergent. Supputaui ego autem fingulos harum ferierum terminos a folo q pendentes in fractionibus decimalibus ad 28. figuras, quas, vt alios calculo tam taediofo liberem, hic appono.

206

正弦関数・余弦関数のリスト

　『無限解析入門』におけるリストでは，31 個の数値の中に 28 個もの間違いがあった[1]．このリストでもほぼ同じ数値を与えているが，1 つだけ数値が加えられ，最終桁の数字が 5 つだけ異なっている．

Erit igitur sinus arcus $\frac{m}{n}$ 90 graduum =

$$+ \frac{m}{n} . 1,5707963267948966192313216916$$
$$- \frac{m^3}{n^3} . 0,6459640975062462536557565636$$
$$+ \frac{m^5}{n^5} . 0,0796926262461670451205055487 \quad 8$$
$$- \frac{m^7}{n^7} . 0,0046817541353186881006854633 \quad 2$$
$$+ \frac{m^9}{n^9} . 0,0001604411847873598218726605$$
$$- \frac{m^{11}}{n^{11}} . 0,0000035988432352120853404580$$
$$+ \frac{m^{13}}{n^{13}} . 0,0000000569217292196792681170 \quad 1$$
$$- \frac{m^{15}}{n^{15}} . 0,0000000006688035109811467225 \quad 4$$
$$+ \frac{m^{17}}{n^{17}} . 0,0000000000060669357311061950$$
$$- \frac{m^{19}}{n^{19}} . 0,0000000000000437706546731370$$
$$+ \frac{m^{21}}{n^{21}} . 0,0000000000000002571422892855 \quad 6$$
$$- \frac{m^{23}}{n^{23}} . 0,0000000000000000012538995403$$
$$+ \frac{m^{25}}{n^{25}} . 0,0000000000000000000051564550$$
$$- \frac{m^{27}}{n^{27}} . 0,0000000000000000000000181239$$
$$+ \frac{m^{29}}{n^{29}} . 0,0000000000000000000000000549$$
$$- \frac{m^{31}}{n^{31}} . 0,0000000000000000000000000001 \quad \times$$

　これらは修正になっておらず，ここでも 32 個中 28 個の間違いが残っている．数値の右側に記した数字が，『無限解析入門』における数字である．×を記した数値が，『無限解析入門』には記されていなかった数値である．

---

[1] 『無限オイラー解析』pp.78-79.

Atque fimili modo erit cofinus arcus $\frac{m}{n}$ 90 grad. $=$

$+\quad$ 1, 00000000000000000000000000000

$-\frac{m^2}{n^2}\cdot$ 1, 23370055013616982735431113745

$+\frac{m^4}{n^4}\cdot$ 0, 25366950790104801363656633659

$-\frac{m^6}{n^6}\cdot$ 0, 02086348076335296087305163364

$+\frac{m^8}{n^8}\cdot$ 0, 0009192602748394265802417158

$-\frac{m^{10}}{n^{10}}\cdot$ 0, 0000252020423730606054810526

$+\frac{m^{12}}{n^{12}}\cdot$ 0, 0000004710874778818171503665

$-\frac{m^{14}}{n^{14}}\cdot$ 0, 0000000063866030837918522408

$+\frac{m^{16}}{n^{16}}\cdot$ 0, 0000000000656596311497947230

$-\frac{m^{18}}{n^{18}}\cdot$ 0, 0000000000005294400200734620

$+\frac{m^{20}}{n^{20}}\cdot$ 0, 0000000000000034377391790981

$-\frac{m^{22}}{n^{22}}\cdot$ 0, 0000000000000000183599165212

$+\frac{m^{24}}{n^{24}}\cdot$ 0, 0000000000000000000820675327

$-\frac{m^{26}}{n^{26}}\cdot$ 0, 0000000000000000000003115285

$+\frac{m^{28}}{n^{28}}\cdot$ 0, 0000000000000000000000010165

$-\frac{m^{30}}{n^{30}}\cdot$ 0, 0000000000000000000000000026

Quocunque igitur angulo propofito, eius ratio ad 90° eft
primum quaerenda, quae fit vt m ad n, qua inuenta, fi
in his formulis fiat fubftitutio debito modo, reperietur
tam finus quam cofinus anguli propofiti.

Q. E. I.

　それにしてもこのリストの数値の間違いは，計算家から見れば相当にひどいレベルにあると言わざるを得ない．特に余弦の最終の数字の 26 には余りの低レベルに驚いてしまう．正弦の最終の数値を使えば，暗算でも

$$\frac{549}{30}\frac{\pi}{2} > \frac{540}{30}\frac{3}{2} = 27$$

となることが分かるのだから，数値を直すならこの値からまず直すべきだろう．なぜオイラーはこれほど奇妙なリストを 2 度も書き残してしまったのだろうか．

オイラーの数値チェック

オイラーの公式より,

$$e^{\sqrt{-1}\frac{\pi}{2}} = \sqrt{-1}\sin\frac{\pi}{2} + \cos\frac{\pi}{2} = \sqrt{-1}\cdot 1 + 0$$

であるから,それぞれ 1 と 0 の近似値となる.

```
+ 1,5707963267948966192313216916        + 1,0000000000000000000000000000
- 0,6459640975062462536557565636        - 1.2337005501361698273543113745

+ 0,9248322292886503655755651280        - 0,2337005501361698273543113745
+ 0,0796926262461670451205055487        + 2536695079010480116365633659

+ 1,0045248555345174106960706767        1996895770487816262225159914
     4681754135318688100685 4633       2086348076335296087305516364

+ 0,9998431013994987225953852134        —     8945229984747745907996450
+          160441184787359821872 66605  -+   9192602748394265802417158

+ 1,0000035425842860824172578739        -+  2473727636465198944207 08
—           3598843235212085340 4580    -+  2520204237306060548 10526

+ 0,9999999437410508703391717 4159      —   4047660084080100389818
+          569217292196792681170         -+  4710847788181717 1503665

+ 1,0000000066278009001118553 29         -+  632146947320111183847
—          6688035109811467225           —   638660308379 18522408

+ 0,9999999999939976579030038104         —  6513301059074085 01
+          6666938573111063950           -+  65659637149794723 0

+ 1,0000000000000435147611450054          -+  526020559053866 9
+          4377065467 31370               -   5209440200734620

+ 0,9999999999999997441064718684          —  34194010195195 1
+          2571422892855                   -+  3437739179098 1

+ 1,0000000000000000012487611539          -+  18278159503 0
—          12538995403                     —   1835991652 12

+ 0,99999999999999999994861 6136          —    81757018 2
—          51564550                        -+   82067532 7

-+ 1,0000000000000000000000018068 6        -+   310514 5
—          181239                          —    3115285

+ 0,999999999999999999999999944 7          —     1014 0
            549                             -+    1016 5

+ 0,99999999999999999999999999996          +  25
                                           —  26
vnde intelligitur errorem tantum 5 vnitatum in vltimis
figuris esse commissum, qui ob toruplices additiones et  —  1
subtractionés euitari omnino non potuit.
```

残念ながらこのリストでは数値が一致しない. ところが,『無限解析入門』の間違いだらけの数値を全部足し合わせると,ぴったり 1.0000000000000000000000000000 となる.

正接関数・余接関数のリスト

『無限解析入門』と同じく，人工的な正接関数と余接関数の無限級数展開の表示を見出せ (Inuenire) という問題である。『無限解析入門』ではそれぞれ 5 個と 2 個の間違いがあった[2]。このリストでは最終桁の数が 2 つ異なっている。ここでもそれらは修正になっておらず，間違いが 6 個と 3 個に増えている。数値の右側に記した数字が，入門における数字であり，間違っていた箇所に・を記した。

正接の最後の間違いは残念である。というのも，『無限解析入門』では，最終桁が「555」と美しく並んでいたからである。

---

[2] 『無限オイラー解析』p.90. 最大の誤差は，128×10^{-13}.

7　謎解き

　図版や数表については，版によって表示が異なるため，以下にそれらの微妙な差異を記しておく.

仏語 1768 年版

Votre Alteſſe vient d'interrompre le fil de mes
penſées d'une maniere très gracieuſe . . . . .

$\cdot\ \cdot\ \cdot\ \cdot\ \cdot\ \cdot\ \cdot\ \cdot\ \cdot\ \cdot\ \cdot\ \cdot\ \cdot\ \cdot\ \cdot\ \cdot$
$\cdot\ \cdot\ \cdot\ \cdot\ \cdot\ \cdot\ \cdot\ \cdot\ \cdot\ \cdot\ \cdot\ \cdot\ \cdot\ \cdot\ \cdot\ \cdot$
$\cdot\ \cdot\ \cdot\ \cdot\ \cdot\ \cdot\ \cdot\ \cdot\ \cdot\ \cdot\ \cdot\ \cdot\ \cdot\ \cdot\ \cdot\ \cdot$

4 + 16 + 16 + 16 (1770 年版では 3+14+14+14)

			Difference
C	2 . 2 . 2 . 2 . 2 . 2 . 2 . 3 . . .	384	16
Cſ	2 . 2 . 2 . 2 . 5 . 5	400	16
D	2 . 2 . 2 . 2 . 3 . 3 . 3	432	32
Dſ	2 . 3 . 3 . 3 . 5	450	18
E	2 . 2 . 2 . 2 . 2 . 3 . 5	480	30
F	2 . 2 . 2 . 2 . 2 . 2 . 2 . 2 .	512	32
Fſ	2 . 2 . 3 . 3 . 3 . 5	540	28
G	2 . 2 . 2 . 2 . 2 . 2 . 3 . 3 . . .	576	36
Gſ	2 . 2 . 2 . 3 . 5 . 5	600	24
A	2 . 2 . 2 . 2 . 2 . 2 . 2 . 5 . . .	640	40
B	3 . 3 . 3 . 5 . 5	675	35
H	2 . 2 . 2 . 2 . 3 . 3 . 5	720	45
c	2 . 2 . 2 . 2 . 2 . 2 . 2 . 2 . 3 .	768	48 .

数字とドット 13 × 18 = 234 (1770 年版は 233)

独語 1769 年版

Vierter Brief.

Ew. H. haben den Faden meiner Gedanken auf ei-
ne höchst gnädige Art unterbrochen. — — —
Ich kehre also mit einem Herzen voller Dankbarkeit

ドット (4+16+16+16) → —が 3 つ

$$11 + 6 \rightarrow 13 + 7$$

			384	Differ.
C	2 . 2 . 2 . 2 . 2 . 2 . 2 . 3 . .		384	Differ.
Cs	2 . 2 . 2 . 2 . 5 . 5		400	16
D	2 . 2 . 2 . 2 . 3 . 3 . 3 . . .		432	32
Ds	2 . 3 . 3 . 3 . 5		450	18
E	2 . 2 . 2 . 2 . 2 . 3 . 5 . . .		480	30
F	2 . 2 . 2 . 2 . 2 . 2 . 2 . 2 .		512	32
Fs	2 . 2 . 3 . 3 . 3 . 5		540	28
G	2 . 2 . 2 . 2 . 2 . 2 . 3 . 3 . .		576	36
Gs	2 . 2 . 2 . 3 . 5 . 5		600	24
A	2 . 2 . 2 . 2 . 2 . 2 . 2 . 5 . .		640	40
B	3 . 3 . 3 . 5 . 5		675	35
H	2 . 2 . 2 . 2 . 3 . 3 . 5 . . .		720	45
c	2 . 2 . 2 . 2 . 2 . 2 . 2 . 2 . 3 .		768	48

26 個のドットが消失

第1部第7章の冒頭の謎を解いてみよう．まず，いくつか
の奇妙な記述がヒントになっている．具体的には，「小さな子」
「勝利の鉄の武器」「バンド」「心」「天空に額」などの語句であ
り，これらの語句を一挙に解釈できる解答を探せばよい．お
そらく答えは一意的で，『王女への手紙』に記されているよう
に「煙突掃除の子供」である．当時のヨーロッパでは，煙突
内は狭いため子供がこの作業を担っていた．「心」とは「炉心」
のことだった．こうして解答を得たものは，大いなる喜びを
感じることになる．

　オイラーは，このような謎解きの大いなる喜びを理解し，
はっきりと『王女への手紙』の中に書き記している．彼自身
が謎解きの喜びを知っていた以上，その著作の中に謎や高度
なパズルが隠されていたとしても，それほど不思議なことで
はない．パズルの趣味が高じると自分自身でパズルを作るよ
うになり，自信作ができれば多数の人の目につく場所に出題
するのが，一般的なパズラーの行動パターンである．

　知の巨人オイラーが『無限解析入門』と『王女への手紙』に
秘めた大規模なパズルの全容は，次第に明らかになることだ
ろう．それらは必ずしも誰もが容易に解けるようなレベルに
はない．なぜならば，自信作とは出題者自身が心から楽しめ
るレベルの問題であり，オイラーほどの知識と洞察力を持っ
た学者が楽しめるようなパズルは，必然的に複雑で難解なも
のになってしまう．

　オイラーは，優れた作品には秩序だけではなくプランが必
要だと述べた．では，彼の膨大な著作におけるプランとはいっ
たい何だったのだろうか．我々は，彼の作品から大いなる喜
びを感じることができるだろうか．

8 オイラーの主張

『王女への手紙』には,『無限解析入門』の本文には見られなかったこの世界に対するオイラー自身の強い主張が散りばめられている. それらは哲学者や自由思想家（無神論者）に対する批判であったり, 彼の敬虔な信仰の表明であったりする. 彼の言葉が, 現代の我々の共感を呼ぶかどうかは疑問である. しかし, オイラーという人間を読み解くために, それらを以下に書き記そう.

17 通目の手紙では, ニュートンの学説の難点を指摘して次のように述べている.

> 「光粒子の放射説をかの偉大なるニュートンや多くの賢明な哲学者たちが受け入れたことに対して, あなたは驚くだろう. だが, キケロはすでにこう言っている. "どれほど不合理な主張であれ, 支持する哲学者はいる", と[1]. 私としては, この説を受け入れるには, 私は哲学者でなさすぎる」

さらに 18 通目の手紙では, 万有引力の法則を発見した偉大なるニュートンが, 光の学説では矛盾した主張をしていることを指摘して, 次のように述べる.

> 「ニュートンは疑いなく史上最大の天才のうちの一人であり, 彼の深い知識と自然最大の謎への洞察力は, 現在から未来まで絶えず賞賛の対象となり続けるだろう. しかしながら, その偉大なる天才の過ちは, 我々を謙虚にさせ, 人間の知力の弱さ－最高の高みに舞い上がったあとでも明らかな

---

[1] キケロ（前 106–前 43）古代ローマの政治家, 雄弁家, 文筆家.

矛盾に陥る危険性－を認識させるに違いない．···
自由思想家が信仰上の真実を辛らつに批判したり，
あるいは最も無礼な自己満足によってあざ笑ったり
するのを見るとき，私はいつもこう考えている．哀
れな人々よ，君たちが軽々しく扱っているその事柄
は，かの偉大なるニュートンがひどく間違った事柄
よりも，どんなにどんなに (combien & combien)
言葉に尽くせないほど高貴で崇高であることか！
あなたがこの考察を決して忘れないでいることを
私は望んでいる」

　この種の意見は 1747 年に著された『神聖なる啓示への自由
思想家の非難に対する抗弁』で何度も述べられている．

「自由思想家が聖書の中の（彼らには明らかな）
矛盾点により聖書を完全に否定しようとするとき，
彼らは最も不公平で無責任な態度をとっている．こ
のような人々のほとんどは，彼らが幾何学や物質の
存在あるい運動に対する問題点を解決できず，し
かも誰ひとりとしてこれらの真実性や現実性につ
いては否定していないことを認めなければならな
い．···啓示による教義においても，少なくとも同
等の大きな困難が存在し，それは論拠によっては
到達できないものである．結局のところ，それら
に異議を唱える十分な論拠などないのである」

　20 通目の手紙では，最初の手紙と同じく，この世界の偉大
さを説明している．最も近い恒星は地球から太陽までの距離
の 40 万倍以上の距離にあるとして，その恒星の光は我々に達

第8章 オイラーの主張 215

するまで約 6 年もかかると述べる[2]．そして，天地創造から現在に至るまで，いまだに我々にその光が届いていない恒星がありうることを説明する．手紙の最後では，説教師エルサレム (1709–1789) の言葉がドイツ語とフランス語で記される[3]．

Steiget mit euren Gedanken von dieser Erde, durch alle die Weltkörper, die über euch sind, und gehet von den entferntesten, die eure Augen entdecken können, bis zu denjenigen hinauf, deren Licht vielleicht von dem Anfange ihrer Schöpfung an, noch bis jetzt nicht zu uns herunter gekommen ist! Die Unermeßlichkeit des göttlichen Reichs leidet diese Vorstellung. (Aus der Predigt von dem Himmel und der ewigen Seeligkeit.)

Elevez vos penſées depuis cette terre que vous habités, juſqu'à tous les corps du monde, qui ſont au deſſus de vous: parcouris l'eſpace qu'il y a depuis les plus éloignés que vos yeux puiſſent découvrir, juſqu'à ceux dont la lumiere, peut-être depuis le commencement de leur création juſqu'à préſent, n'eſt pas encore parvenüe juſqu'à nous. L'immenſité du Royaume de Dieu permet cette peinture. (Du Sermon ſur le Ciel & la béatitude éternelle.)

---

[2] 最初の手紙では 5000 倍以上としていたが，なぜかここではその 80 倍の距離になっている．

[3] ドイツ語版ではドイツ語のみが記されている．

「あなたが住む地球から頭上に広がるこの世界の全天体に思いを馳せよう；その目で見出される最も遠い天体からその光が天地創造から現在まで我々に到達していない天体までの空間を見渡そう！神の王国の広大無辺さ (immensité) はこんな想像を許してくれる. (天空と永遠の至福についての説教.)」

この言葉に続いてオイラーはこう締めくくる.

「あなたがこれらを深く考えることによって，さらに光の学説を学ぼうとする好奇心を持つことを私は望んでいる[4]」

まさにオイラーの行動の原点がここにある.

『無限解析入門』第 1 巻の巻頭の絵

---

[4] 詩篇 111 第 2 節後半 "They are studied by all who delight in them."

9 超越数の図示

『無限解析入門』第2巻の第22章の解答を分度器に書き込むと以下の図が得られる[1].

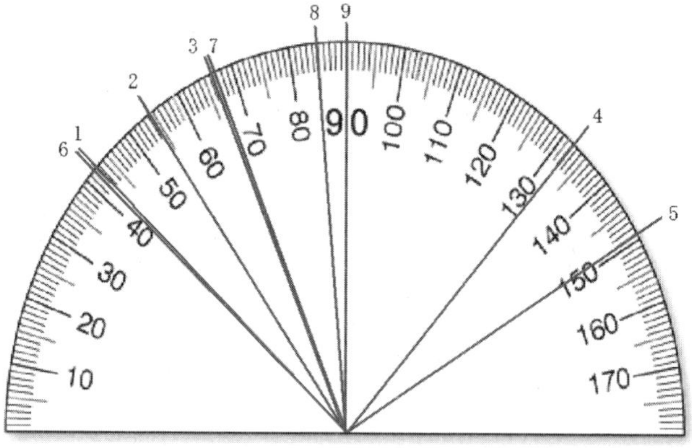

i 番目の解答の s を s_i とする. この図から,

$$s_1 \sim s_6, \quad s_3 \sim s_7$$

という近似が読み取れる. なお, 解答には以下の等式が成立することが示されている.

$$s_3 = \frac{s_1}{2} + 45^\circ, \quad s_4 = s_1 + 90^\circ.$$

ただし, オイラーの解答では, s_4 に $-0^\circ 0' 0'' 1'''$ の微妙な誤差がある. また, VII での解答の最後に, 以下の値が現れる.

Tangens $AE = 2, 3311220.$

---

[1] $360^\circ = 2 \times 180^\circ (= 2\pi)$ という約数の多い数は, 1年の日数に由来を持ち, 天体観測で便利である. 見かけ上, 恒星は1日に約1度ずつずれながら周回する.

10　数値計算

第1・2巻に記された唯一の計算箇所
自然数の平方という完全に初等的な計算である.

	1	2	3	4	5	6	7	8	9	10
multpl. par	1	2	3	4	5	6	7	8	9	10
quarré	1	4	9	16	25	36	49	64	81	100

$$
\begin{array}{r}
11 \\
\text{mult. par } \underline{11} \\
11 \\
\underline{11} \\
\text{quarré } 131
\end{array}
\qquad
\begin{array}{r}
12 \\
\text{mult. par } \underline{12} \\
24 \\
\underline{12} \\
\text{quarré } 144
\end{array}
$$

$$
\begin{array}{r}
258 \\
258 \\
\hline
2064 \\
1290 \\
516 \\
\hline
66564
\end{array}
$$

なぜ,「11」と「12」の計算をわざわざ示し,突如「258」という数を取り上げたのだろうか. 3つの計算で現れていない数字は何だろう.

第3巻に記された唯一の計算箇所
第3巻の210通目に記された以下の計算は,望遠鏡の拡大率に関する計算である. 対象レンズの焦点距離が32フィート,接眼レンズの焦点距離が3インチであるとき,拡大率は以下のように計算される.

$$32 \text{ pieds}$$
$$12$$
$$\overline{}$$
$$64$$
$$32$$
$$\overline{}$$

ce qui donnera 384 pouces

enfuite, on divifera ces 384 pouces par 3

$$3)\,384$$
$$\overline{}$$
$$128$$

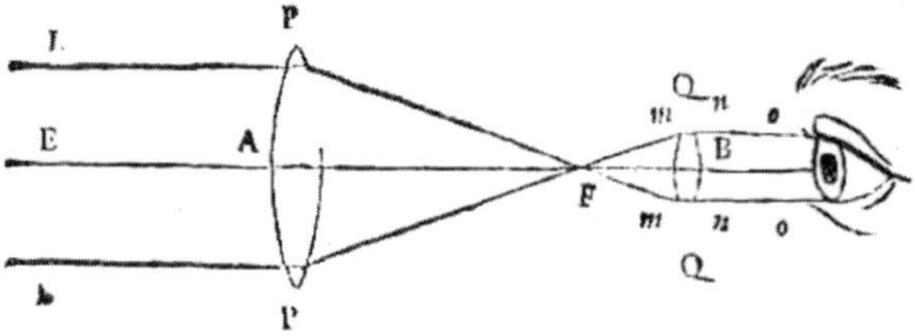

　すなわち，32 フィート $= 32 \times 12$ インチ $= 384$ インチ であり，拡大率は $384/3 = 128$ 倍となる．上図（211 通目）は望遠鏡の仕組みを説明している．ここで，

$$128 = 2^7$$

であることに注意する．

11 数値リスト

第1部第11章でオイラーが最初に与えたゼータ値のリストについて考察しよう．この数値リストには，誤りは全くない．しかしながら，このリストと全く同じリストを与える計算家は稀であろう．通常の計算家ならば以下のようなリストを掲載するはずである．

$$1 + \frac{1}{2^2} + \frac{1}{3^2} + \frac{1}{4^2} + \frac{1}{5^2} \text{ etc.} = \frac{\pi^2}{6} = A$$

$$1 + \frac{1}{2^4} + \frac{1}{3^4} + \frac{1}{4^4} + \frac{1}{5^4} \text{ etc.} = \frac{\pi^4}{90} = B$$

$$1 + \frac{1}{2^6} + \frac{1}{3^6} + \frac{1}{4^6} + \frac{1}{5^6} \text{ etc.} = \frac{\pi^6}{945} = C$$

$$1 + \frac{1}{2^8} + \frac{1}{3^8} + \frac{1}{4^8} + \frac{1}{5^8} \text{ etc.} = \frac{\pi^8}{9450} = D$$

$$1 + \frac{1}{2^{10}} + \frac{1}{3^{10}} + \frac{1}{4^{10}} + \frac{1}{5^{10}} \text{ etc.} = \frac{\pi^{10}}{93555} = E$$

$$1 + \frac{1}{2^{12}} + \frac{1}{3^{12}} + \frac{1}{4^{12}} + \frac{1}{5^{12}} \text{ etc.} = \frac{691\pi^{12}}{638512875} = F.$$

『無限解析入門』では，$\zeta(2)$ から $\zeta(26)$ までの 13 個のゼータ値およびゼータ値に関わる近似値の 3 つのリストが掲載されている．近似値のリストには，次ページ以降に記すように大量の間違いがある．間違いがある数値の右側には，正しい値を記した．例えば，PA では $E = 1.00001704136304482548818$ が正しい値（有効桁数 24）となる．なお，『無限解析入門』に記載されていない値には ∗ を付した．各リストの数値の個数を 24 個にすると，数字と文字がうまく収まることが分かる．

このゼータ値に関わる 4 つのリストと第 5 章の 4 種類のアルファベットのリスト（近代ラテン 26 文字，古ヘブライ 22 文字，ギリシャ 24 文字，古ヘブライ文字に直接由来を持つ近代ラテン 18 文字）を比較すると，興味深い対応が成立する．

第 11 章 数値リスト 221

PA $\zeta(k)\left(1 - \frac{1}{2^k}\right)$

$A = 1.23370055013616982735431$

$B = 1.01467803160419205454625$

$C = 1.00144707664094212190647$

$D = 1.00015517902529611930298$

$E = 1.00001704136304482550816 \quad 48818$

$F = 1.00000188584858311957590$

$G = 1.00000020924051921150010$

$H = 1.00000002323715737915670$

$I = 1.00000000258143755665977$

$K = 1.00000000028680769745558$

$L = 1.00000000003186677514044$

$M = 1.00000000000354072294392$

$N = 1.00000000000039341246691$

$O = 1.00000000000004371244859$

$P = 1.00000000000000485693682$

$Q = 1.00000000000000053965957$

$R = 1.00000000000000005996217$

$S = 1.00000000000000000666246$

$T = 1.00000000000000000074027$

$V = 1.00000000000000000008225$

$W = 1.00000000000000000000913$

$X = 1.00000000000000000000101$

$*Y = 1.00000000000000000000011$

$*Z = 1.00000000000000000000001$

PB $\zeta(k)\frac{1}{2^k}$

$\alpha = 0.41123351671205660911810$

$\beta = 0.06764520210694613696975$

$\gamma = 0.01589598534350701780804$

$\delta = 0.00392217717264822007570$

$\varepsilon = 0.00097753376477325984898$ 6

$\xi = 0.00024420070472492872274$ 3

$\eta = 0.00006103889453949332915$

$\theta = 0.00001525902225127269977$ 71503

$\iota = 0.00000381471182744318008$

$\kappa = 0.00000095367522617534053$

$\lambda = 0.00000023841863595259154$ 255

$\mu = 0.00000005960464832831555$

$\nu = 0.00000001490116141589813$

$\zeta = 0.00000000372529031233986$

$o = 0.00000000093132257548284$

$\pi = 0.00000000023283064370807$ 8

$\rho = 0.00000000005820766091685$

$\sigma = 0.00000000001455191522858$

$\tau = 0.00000000000363797880710$

$\upsilon = 0.00000000000090949470177$

$\phi = 0.00000000000022737367544$ 5

$\chi = 0.00000000000005684341886$

$\psi = 0.00000000000001421085471$

$\omega = 0.00000000000000355271367$ 8

第11章 数値リスト

PC	$v(k) = \displaystyle\sum_{p:素数} \frac{1}{p^k}$	
02	0.452247420041222	065
04	0.076993139764252	46
06	0.017070086850639	7
08	0.004061405366515	8
10	0.000993603573633	4437
12	0.000246026470033	5
14	0.000061244396725	
16	0.000015282026219	
18	0.000003817278702	
20	0.000000953961123	4
22	0.000000238450446	
24	0.000000059608184	
26	0.000000014901555	
28	0.000000003725333	
30	0.000000000931323	6
32	0.000000000232830	
34	0.000000000058207	
36	0.000000000014551	
*38	0.000000000003637	
*40	0.000000000000909	
*42	0.000000000000227	
*44	0.000000000000056	
*46	0.000000000000014	
*48	0.000000000000003	

次に，第1部第11章でオイラーが与えた A の近似値について考察しよう．オイラーは，連分数を用いた数値計算から A の近似値を十数桁程度まで知っていた．したがって，彼は積分による計算では最終4桁「7164」が間違いであると知りつつ，

$$A = 0,59637164$$

と記したわけである．

　また，連分数による数値計算にも奇妙な点がある．

$$A = \frac{9149852 59,24}{15343 15932,90} = 0,5963473621237$$

とあるが，分数の計算によって得られる数値は

$$0.5963473621176$$

であり，最終3桁は「237」とはならない．分子11桁と分母12桁の数値から，14桁（有効桁数13）の数値を正確に求めることが無理ということは，計算家にとって常識だろう．正しい値は，

$$0.5963473623231$$

なので，オイラーの数値の1を3に，7を1に変える必要がある．

12　非正則素数の図示

非正則素数と指数の組 $(p, 2k)$ について，素数が小さいものから 10 組並べると以下のようになる．

$$(37, 32)\ (59, 44),\ (67, 58)$$
$$(101, 68),\ (103, 24),\ (131, 22),\ (149, 130)$$
$$(157, 62),\ (157, 110),\ (233, 84)$$

素数が最小となる組は $(37, 32)$ であり，指数が最小となる組はここには現れていないが $(691, 12)$ である．非正則素数を度数にして分度器に書き込むと以下の図が得られる．なお，この図に書き込めない最小の非正則素数が 233 である．

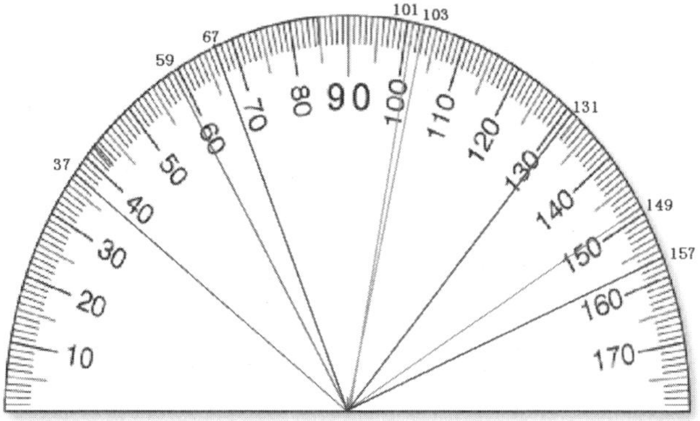

抜群の記憶力で数値を徹底的に追求したオイラーに見習って，数字遊びをしながらこれらの非正則素数を覚えてみよう．まず，これらの非正則素数を覚えるためには，(37, 59, 67) と (101,103) と (131,149,157) という 3 つの集団に分けると覚えやすい．(101, 103) は 100 を超える最小の双子素数であり[1]，

---

[1] p と $p+2$ がともに素数となる組．第 1 部第 3 章の例 C2(31/30 = 1.03...), 例 D1(101/100 = 1.01) にも現れる．

131 はこの 2 つの数字から容易に思い出せる[2]. また, 149 は
音楽の完全五度の近似値, バーゼル問題および重力の法則に
おける 2 乗数列の最初の 3 つの数字として現れており, 157 は
円周率 $\dfrac{\pi}{2}$ の最初の 3 桁として現れているので, これらも容易
に思い出せる. しかも, $\dfrac{\pi}{2} = 90°$ であり, 偶然にも

$$149 - 90 = 59 \qquad 157 - 90 = 67$$

となっている. あとは 41 が最小の非正則素数であったならば
$131 - 90 = 41$ だからもっと覚えやすかったところだが, 残念
なことに 37 である. さらに, $(233, 84)$ の組で, $233 - 84 = 149$
となって再び 149 が現れるのも面白い[3]

　こういった素数たちの間の興味深い関係を記せるのは, 我々
が通常用いている 10 進法のおかげである. それでは, なぜ
我々は 10 進法を使っているのだろうか. おそらく多くの人が
左右逆転した自分の両手を見て, 次の計算から答えを推測す
るだろう.

$$2 \times 5 = 10.$$

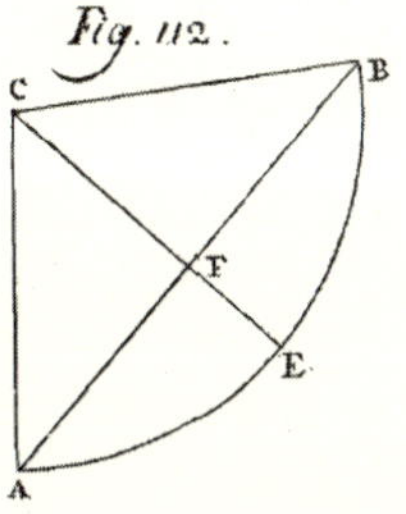

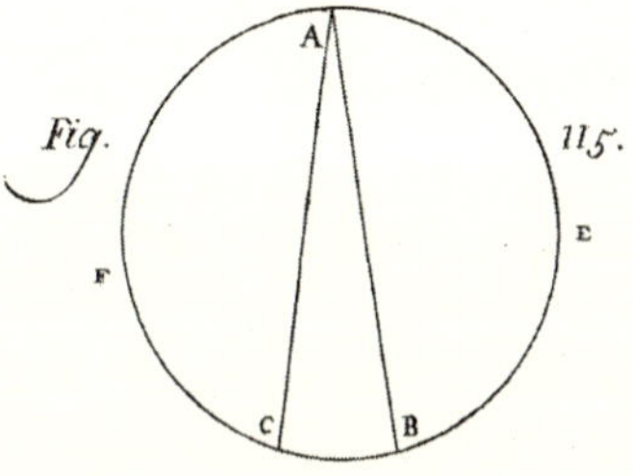

Fig. 112.

Fig. 113.

Q.E.D.

---

　[2] 第 1 部第 9 章問 IX の 10 個の近似解の右側の数値に注目すると, これ
らの和は 131 に近似し, 整数部分の和は 128 となる.

　[3] p.191 の左側のリストで, 0 でない最終の数字を上下から交互に上手に
読むと, $(73\text{-}37, 44, 1), (59, 48, 5), (67, 36, 2), (157, 2)$ となる. 11 個もの間違い
のおかげである.

第 12 章 非正則素数の図示 227

　下の図は，(p, k) を同時に表示している．これは，クンマーの合同式から得られる非正則素数の周期性を考慮したものであり，非正則素数と指数の組 (p, k) に対し $r_p = p - 1, \theta_{p,k} = 2\pi \dfrac{k}{p-1}$ として，$(r_p \cos \theta_{p,k}, r_p \sin \theta_{p,k})$ の点が示されている．ただし，時計回りの回転である．

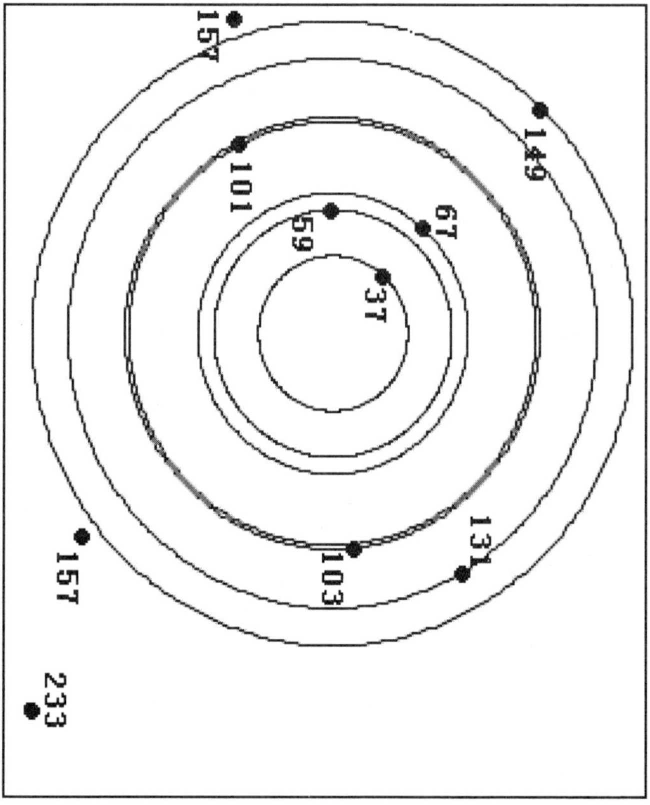

『微分計算教程』では，ガウス数体 $\mathbf{Q}(\sqrt{-1})$ に付随する非自明なディリクレ指標 χ の L 関数

$$L(s,\chi) = 1 - \frac{1}{3^s} + \frac{1}{5^s} - \frac{1}{7^s} + \frac{1}{9^s} - \frac{1}{11^s} + \cdots$$

の特殊値が次ページの通り計算されている．ゼータ関数の次に取り上げる L 関数としては最適だろう．リーマンゼータ関数と同様に，この L 関数でも次の関数等式が成立することが，『美しい関係』の論文の最後に記されている．

$$\frac{1 - 3^{n-1} + 5^{n-1} - 7^{n-1} + 9^{n-1} - 11^{n-1} + \&c.}{1 - 3^{-n} + 5^{-n} - 7^{-n} + 9^{-n} - 11^{-n} + \&c.}$$
$$= -\frac{1.2.3....(n-1)2^n}{\pi^n} \sin\frac{n\pi}{2}$$

さらに，この種の L 関数に対してもベルヌーイ数に類似した一般ベルヌーイ数が定義され，非正則素数と指数の組 (p,k) も定められる．特にこの場合はオイラー数と呼ばれており，指数が偶数のときには 0 となるので，ベルヌーイ数とは逆である．非正則素数が小さいものから 10 組並べると，

$$(19,11)\ (31,23),\ (43,13),$$
$$(47,15),\ (61,7),\ (67,27),\ (71,29),$$
$$(79,19),\ (101,63),\ (137,43)$$

となる．素数が最小となる組は $(19,11)$ であり，指数が最小となる組は $(61,7)$ である．

224. Per hos autem numeros Bernoullianos fecans exprimi non poteft, fed requirit alios numeros, qui in fummas poteftatum reciprocarum imparium ingrediuntur. Si enim ponatur:

$$1 - \frac{1}{3} + \frac{1}{5} + \frac{1}{7} + \frac{1}{9} - \&c. = \alpha. \quad \frac{\pi}{2^2}$$

$$1 - \frac{1}{3^3} + \frac{1}{5^3} + \frac{1}{7^3} + \frac{1}{9^3} - \&c. = \frac{\beta}{1.2} \cdot \frac{\pi^3}{2^4}$$

$$1 - \frac{1}{3^5} + \frac{1}{5^5} + \frac{1}{7^5} + \frac{1}{9^5} - \&c. = \frac{\gamma}{1.2.3.4} \cdot \frac{\pi^5}{2^6}$$

$$1 - \frac{1}{3^7} + \frac{1}{5^7} + \frac{1}{7^7} + \frac{1}{9^7} - \&c. = \frac{\delta}{1.2\ldots6} \cdot \frac{\pi^7}{2^8}$$

$$1 - \frac{1}{3^9} + \frac{1}{5^9} + \frac{1}{7^9} + \frac{1}{9^9} - \&c. = \frac{\varepsilon}{1.2\ldots8} \cdot \frac{\pi^9}{2^{10}}$$

$$1 - \frac{1}{3^{11}} + \frac{1}{5^{11}} + \frac{1}{7^{11}} + \frac{1}{9^{11}} - \&c. = \frac{\zeta}{1.2\ldots10} \cdot \frac{\pi^{11}}{2^{12}}$$

$$\&c.$$

erit:

$\alpha = 1$		$\eta = 2702765$	
$\beta = 1$		$\theta = 199360981$	
$\gamma = 5$		$\iota = 19391512145$	
$\delta = 61$		$\varkappa = 2404879661671$	
$\varepsilon = 1385$			
$\zeta = 50521$		$\&c.$	

ex hifque valoribus obtinebitur:

$$\sec x = \alpha + \frac{\beta}{1.2} xx + \frac{\gamma}{1.2.3.4} x^4 + \frac{\delta}{1.2\ldots6} x^6 + \frac{\varepsilon}{1.2\ldots8} x^8 + \&c.$$

　指数が 19 の値に登場する κ の真の値は 2404879675441 なので，上記のリストの「61671」という数字は間違っている．誤差は「13770」であり，その他の数に誤りはない．この種の計算では，1つおきに一般ベルヌーイ数が0となることを確認すれば計算ミスを防げる．

　前著『無限オイラー解析』では，こういった誤差に何らかのオイラーの意図があるのではないかと推測している．しか

しながら，数学の証明とは違って，この種の推測は常に不確実性をともなう．おそらく多くの誤差の中には，オイラーの単なる計算間違いによるものもいくつか含まれていることだろう．しかし，異常な誤差が多すぎるため，全てを単純な間違いに帰着することは難しい．

オイラーが『王女への手紙』で強く主張したのは，何よりも微かで，何よりも難しく，何よりも重要なのは，意志に基づくプランだということである．オイラーの主要な著作に見られる強い主張，度重なる奇妙な数値や記述から総合的に判断して，次のような仮説を立てることは不自然ではないと考える．

オイラーは，『無限解析入門』に「微かな違い」を含む数値リストを意図的に掲載し，彼の数学および哲学における大いなるプランをパズルとして提示した．その 20 年後に，パズルの解答を『美しい関係』と『王女への手紙』に書き残した．ゼータ関数と太陽系は，これらの著作を結ぶヒントになっている．

最後にもう一度オイラーの言葉を記そう．

「実際，私はためらうことなく言明したいと思う．この書物には明らかに新しい事物の数々がおさめられているが，そればかりではなく泉もまたあらわになっていて，そこからなお多くの際立った発見が汲まれるのである，と」

あとがき

　オイラーとはいったい何者だったのか．本書ではその問い
に答えるために，彼の広く深い業績と彼自身の主張を取り上
げている．独特な逆転の発想，真剣な遊び心，広大無辺の世
界に対する探究心－そんな姿が見えてこないだろうか．

　ここで再び取り上げたいのは，彼の「Mathématiques＝数
学」の広さである．彼は『王女への手紙』の中の重力の根源
的な生成原因を推測するときに，「これは数学ではなく形而上
学である」と述べている．逆にこの言葉は，彼の「数学」が
それ以前に述べられた広大な内容を含んでいることを示唆し
ている．音楽，光学，天文学などの「数学的諸学」は彼の「数
学」に含まれており，さらに『無限解析入門』の例では社会
学，経済学，神学などへの広がりもうかがわせる．

　オイラーの世界観は，『王女への手紙』の中で明確に述べら
れている．そして，その信仰を基礎とした彼の哲学は，同時代
および後世の多くの哲学者に侮蔑の目で見られたようである．
いわゆる神秘主義的な内容をオイラーが記述しており，この
種の事柄に懐疑的であることが近代哲学者の条件でもあるの
だから，それは驚くに当たらない．特定の宗教の教義に沿っ
て哲学する者は，宗教家に分類されることが多い．

　哲学者には『王女への手紙』は不人気であったが，欧米の
一般読者には人気があり，現在もなお版を重ねている．他方，
邦訳書は現在まで一度も出版されていない．もし翻訳すると
すれば，どのような研究者が適任なのだろうか．数学者だろ
うか，物理学者だろうか，哲学者だろうか，それとも神学者
だろうか．いかなる研究者がオイラーを最も広く深く理解で
きるのだろうか．

　前著の『無限オイラー解析』と本書では，オイラーが『無
限解析入門』の中で微かに記した内容を浮かび上がらせるこ

とを目的としている．18世紀半ば，すでに科学に神秘を持ち込むことはタブーであった．オイラーは自身の立場をわきまえた上で，それでもなお数の不思議を喜びあえる真の友，そして後継者を待ち望んでいたのではないか．それゆえに，『無限解析入門』では数のパズルを巧妙に隠し，その出版のちょうど20年後に解答を書き残すため，『美しい関係』と『ドイツ王女への手紙』を同時に出版したのではないだろうか．

オイラーと我々の間には，さまざまなギャップがある．例えば，我々は彼のように「数そのもの」を徹底的に求めたり，「数そのもの」が関わる世界を徹底的に探究できるだろうか．

そのギャップを乗り越えるための鍵は，おそらく「真剣な遊び心」にある．広大無辺のオイラー数学は，我々をずっと待っている．

『ドイツ王女への手紙』

謝辞

　現代数学社の故富田栄氏，富田淳氏および編集部の皆様に，前著，雑誌「理系への数学」での連載および本書の出版で大変お世話になりました．また，雑誌で再度紹介して下さったしみずともこ氏に心より感謝いたします．さらに，数学史の研究集会において前著の内容についての講演の機会を与えて下さった高瀬正仁氏，高橋秀裕氏および関係者の方々に厚くお礼申し上げます．竹内敏己氏には，数値に関する大変興味深い事柄を指摘して頂いたことに深く感謝します．前著についての田口雄一郎氏と小山信也氏からの温かいご意見と書評は，本書を完成させる励みになりました．最後に，判断が難しい仮説を見守って下さる読者の方々に感謝いたします．

　なお，本書の発端および背景には，代数体の岩澤理論における多様な岩澤加群の構成および探索に関する研究課題があります．この研究に関して，科学研究費基盤研究 (C) 21540018 および先端研究拠点事業 18005 による支援を受けました．

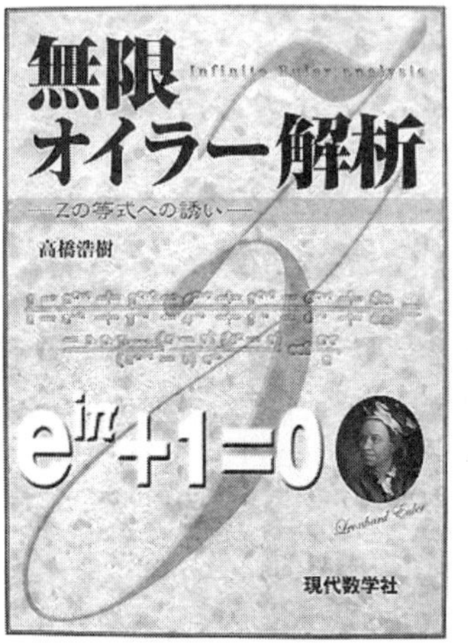

附録 A 原論文『美しい関係』（1768年出版）

REMARQUES

SUR UN BEAU RAPPORT ENTRE LES SÉ-
RIES DES PUISSANCES TANT DIRECTES QUE
RÉCIPROQUES.

PAR M. L. EULER *).

I.

Le rapport, que je me propose de développer ici, regarde les sommes de ces deux séries infinies générales:

$$\odot \quad \cdot \quad 1^m - 2^m + 3^m - 4^m + 5^m - 6^m + 7^m - 8^m + \&c.$$

$$\begin{array}{c}\ni\end{array} \quad \cdot \quad \frac{1}{1^n} - \frac{1}{2^n} + \frac{1}{3^n} - \frac{1}{4^n} + \frac{1}{5^n} - \frac{1}{6^n} + \frac{1}{7^n} - \frac{1}{8^n} + \&c.$$

dont la première contient toutes les puissances positives ou directes des nombres naturels, d'un exposant quelconque m, & l'autre les puissances négatives ou réciproques des mêmes nombres naturels, d'un exposant aussi quelconque n, en faisant varier alternativement les signes des termes de l'une & de l'autre série. Mon but principal est donc de faire voir, que, quoique ces deux séries soient d'une nature tout à fait différente, leurs sommes se trouvent pourtant dans un très beau rapport entr'elles; de sorte que, si l'on étoit en état d'assigner en général la somme de l'une de ces deux especes, on en pourroit déduire la somme

*) Lu en 1749.

附録 A   235

ベキ乗と逆数のベキ乗級数の
美しい関係についての考察

レオンハルト・オイラー[1]

1. 私がここで明らかにしたいのは，次の2つの無限級数の関係である．

$$\text{☉} = 1^m - 2^m + 3^m - 4^m + 5^m - 6^m + 7^m - 8^m + \&c.$$

$$\text{☽} = \frac{1}{1^n} - \frac{1}{2^n} + \frac{1}{3^n} - \frac{1}{4^n} + \frac{1}{5^n} - \frac{1}{6^n} + \frac{1}{7^n} - \frac{1}{8^n} + \&c.$$

前者は全ての自然数の任意指数 m のベキ乗を含んでおり，後者は全ての自然数の逆数の任意指数 n のベキ乗を含んでいる．いずれも符号が交互に入れ替わっている．この論文の主な目標は，これらの二つの数列は全く異なる性質を持っているけれども，それぞれの和を取ることによって極めて美しい関係が現れることを示すことである．実際，二つのうちの一方の和を定めれば，その値からもう一方の和の値を推定できる．より正確には，最初の級数の任意指数 m の値から，もう一方の級数の指数 $n = m + 1$ の値が必ず見出されることが明らかになる．この考察は類推にしか基づいていないという点から，私にはますます重要であると思われる．ただし私は，これを厳密に証明されたと考えてよいほどに，確信できるものにする．

2. 前者の級数は項が次第に増大するため，もし級数の値を各項を次々に足していくことによって近付く値であると理解するならば，どのように値を定めてよいのか分らないというのは全く正しい．例えば，$1 - 2 + 3 - 4 + 5 - 6 + \&c.$ の和について述べると，100 項まで足すと -50 であり，101 項まで足すと $+51$ であるために，$\frac{1}{4}$ とは大幅に異なっており，もっと

---

[1] Read in 1749.

多くの項を加えることによってその差はさらに大きくなるために，完全なパラドックスに見える．しかしながら，すでに他の機会に注意したように，この『和』文字 (mot de *somme*) にさらに拡張された意味を与え，有理関数または他の解析的な表現によって理解することが必要なのであり，このとき解析の原理に従って展開すれば求める和の級数と同じものが与えられる．

この意味を確定したあとでは，もはや $1 - 2 + 3 - 4 + \&c.$ という和が $\frac{1}{4}$ となることに疑いはない．というのも $\frac{1}{(1+1)^2}$ という式の展開によって導かれるものなのだから，議論の余地なく $\frac{1}{4}$ となるからである．次の一般的な級数を考えれば，上記の事柄はさらに明白となる：

$$1 - 2x + 3x^2 - 4x^3 + 5x^4 - 6x^5 + \&c.$$

は $\frac{1}{(1+x)^2}$ の展開から導かれ，実際これと同じなのだから，$x = 1$ としても同じである．

3. 容易に分かるように微分計算によって極めて簡単にこの種の級数和が見出され，この方法で次の和が導かれる：

$$1 - x + x^2 - x^3 + \&c. = \frac{1}{1+x},$$
$$1 - 2x + 3x^2 - 4x^3 + \&c. = \frac{1}{(1+x)^2},$$
$$1 - 2^2x + 3^2x^2 - 4^2x^3 + \&c. = \frac{1-x}{(1+x)^3},$$
$$1 - 2^3x + 3^3x^2 - 4^3x^3 + \&c. = \frac{1-4x+xx}{(1+x)^4},$$
$$1 - 2^4x + 3^4x^2 - 4^4x^3 + \&c. = \frac{1-11x+11xx-x^3}{(1+x)^5},$$
$$1 - 2^5x + 3^5x^2 - 4^5x^3 + \&c. = \frac{1-26x+66xx-26x^3+x^4}{(1+x)^6},$$
$$1 - 2^6x + 3^6x^2 - 4^6x^3 + \&c. = \frac{1-57x+302xx-302x^3+57x^4-x^5}{(1+x)^7},$$
$$\&c. :$$

これらから $x = 1$ として第一種の級数の和を得る:

$$1-\ 2^0+\ 3^0-\ 4^0+\ 5^0-\ 6^0+\ \&c.\ =\tfrac{1}{2}$$
$$1-\ 2+\ 3-\ 4+\ 5-\ 6+\ \&c.\ =\tfrac{1}{4}$$
$$1-\ 2^2+\ 3^2-\ 4^2+\ 5^2-\ 6^2+\ \&c.\ =0$$
$$1-\ 2^3+\ 3^3-\ 4^3+\ 5^3-\ 6^3+\ \&c.\ =-\tfrac{2}{16}$$
$$1-\ 2^4+\ 3^4-\ 4^4+\ 5^4-\ 6^4+\ \&c.\ =0$$
$$1-\ 2^5+\ 3^5-\ 4^5+\ 5^5-\ 6^5+\ \&c.\ =+\tfrac{16}{64}$$
$$1-\ 2^6+\ 3^6-\ 4^6+\ 5^6-\ 6^6+\ \&c.\ =0$$
$$1-\ 2^7+\ 3^7-\ 4^7+\ 5^7-\ 6^7+\ \&c.\ =-\tfrac{272}{256}$$
$$1-\ 2^8+\ 3^8-\ 4^8+\ 5^8-\ 6^8+\ \&c.\ =0$$
$$1-\ 2^9+\ 3^9-\ 4^9+\ 5^9-\ 6^9+\ \&c.\ =+\tfrac{7036}{1024}\&c.$$

4. もう一方の ☽ の種類の級数については,私が二乗やその他の偶数乗の逆数和を見出して直径 1 の円周 π と関わっていることを示す前は,$n = 1$ という場合,すなわち

$$1-\frac{1}{2}+\frac{1}{3}-\frac{1}{4}+\frac{1}{5}-\frac{1}{6}+\&c.$$

の値のみが $l2$ となることが知られていた.

これらの級数和については,私は以下の値を見出した.

$$1+\tfrac{1}{2^2}+\tfrac{1}{3^2}+\tfrac{1}{4^2}+\&c.=A\pi^2 \quad | A=\tfrac{1}{6},$$
$$1+\tfrac{1}{2^4}+\tfrac{1}{3^4}+\tfrac{1}{4^4}+\&c.=B\pi^4 \quad | B=\tfrac{2}{5}A^2,$$
$$1+\tfrac{1}{2^6}+\tfrac{1}{3^6}+\tfrac{1}{4^6}+\&c.=C\pi^6 \quad | C=\tfrac{4}{7}AB,$$
$$1+\tfrac{1}{2^8}+\tfrac{1}{3^8}+\tfrac{1}{4^8}+\&c.=D\pi^8 \quad | D=\tfrac{4}{9}AC+\tfrac{2}{9}B^2,$$
$$1+\tfrac{1}{2^{10}}+\tfrac{1}{3^{10}}+\tfrac{1}{4^{10}}+\&c.=E\pi^{10}| E=\tfrac{4}{11}AD+\tfrac{4}{11}BC,$$

$$\&c.|\ \&c.$$

これらの値から，符号を交替させることによって，私は第二種の級数が

$$1 - \frac{1}{2^2} + \frac{1}{3^2} - \frac{1}{4^2} + \frac{1}{5^2} - \frac{1}{6^2} + \&c. = \frac{2-1}{2^1}A\pi^2,$$

$$1 - \frac{1}{2^4} + \frac{1}{3^4} - \frac{1}{4^4} + \frac{1}{5^4} - \frac{1}{6^4} + \&c. = \frac{2^3-1}{2^3}B\pi^4,$$

$$1 - \frac{1}{2^6} + \frac{1}{3^6} - \frac{1}{4^6} + \frac{1}{5^6} - \frac{1}{6^6} + \&c. = \frac{2^5-1}{2^5}C\pi^6,$$

$$1 - \frac{1}{2^8} + \frac{1}{3^8} - \frac{1}{4^8} + \frac{1}{5^8} - \frac{1}{6^8} + \&c. = \frac{2^7-1}{2^7}D\pi^8,$$

$$1 - \frac{1}{2^{10}} + \frac{1}{3^{10}} - \frac{1}{4^{10}} + \frac{1}{5^{10}} - \frac{1}{6^{10}} + \&c. = \frac{2^9-1}{2^9}E\pi^{10},$$

$$1 - \frac{1}{2^{12}} + \frac{1}{3^{12}} - \frac{1}{4^{12}} + \frac{1}{5^{12}} - \frac{1}{6^{12}} + \&c. = \frac{2^{11}-1}{2^{11}}F\pi^{12},$$

$$\&c.$$

となると結論づけた．ところが，n が奇数の時には和を見出そうという私の全ての努力はこれまで無益であった．しかしながら，それらが偶数の場合のように π に関わっているわけではないことは確実である．おそらくいつの日にか以下の考察が解答の助けになるだろう．

5. A, B, C, D, &c. などの数は，この主題において決定的に重要であるので，私はこれまで計算した限りの数をここに記す．

$$A = \frac{2^0.1}{1.2.3},$$

$$B = \frac{2^2.1}{1.2..5.3},$$

$$C = \frac{2^4.1}{1.2..7.3},$$

$$D = \frac{2^6.3}{1.2..9.5},$$

$$E = \frac{2^8.5}{1.2..11.3},$$

$$F = \frac{2^{10}.691}{1.2..13.105},$$

$$G = \frac{2^{12}.35}{1.2..15.1},$$

$$H = \frac{2^{14}.3617}{1.2..17.15},$$

$$I = \frac{2^{16}.43867}{1.2..19.21},$$

$$K = \frac{2^{18}.1222277}{1.2..21.55},$$

$$L = \frac{2^{20}.854513}{1.2..23.3},$$

$$M = \frac{2^{22}.1181820455}{1.2...25.273},$$

$$N = \frac{2^{24}.76977927}{1.2...27.1},$$

$$O = \frac{2^{26}.23749461029}{1.2...29.15},$$

$$P = \frac{2^{28}.8615841276005}{1.2...31.231},$$

$$Q = \frac{2^{30}.84802531453387}{1.2....33.85},$$

$$R = \frac{2^{32}.90219075042845}{1.2....35.3}.$$

6. ところで，まさにこれらの数 A, B, C, D, &c. が，m が奇数のときの第一種の級数和 ☉ に関わっているのである．

なお，すでに見てきたように偶数の場合はこの級数和は 0 に
等しい．けれども，この調和を明らかにするためには，全く
新しい方法を用いる必要がある．そのために，私が以前に与
えた一般項の級数和の決定方法を振り返る必要がある．X を
$X = f(x)$ と表される x の任意関数とし，

$$f(x) + f(x+\alpha) + f(x+2\alpha) + f(x+3\alpha) + f(x+4\alpha) + \&c.$$

という無限級数を考察しよう．ここで，級数和を S とすると，
これもまた x の関数となり，x を $x+\alpha$ で置き換えれば，

$$S + \frac{\alpha dS}{1dx} + \frac{\alpha^2 d^2 S}{1.2dx^2} + \frac{\alpha^3 d^3 S}{1.2.3dx^3} + \frac{\alpha^4 d^4 S}{1.2.3.4dx^4} + \&c.$$

となる．この式は，

$$f(x+\alpha) + f(x+2\alpha) + f(x+3\alpha) + f(x+4\alpha) + \&c.$$

という級数和となるため，$S - f(x) = S - X$ に等しく，した
がって

$$-X = \frac{\alpha dS}{1dx} + \frac{\alpha^2 d^2 S}{1.2dx^2} + \frac{\alpha^3 d^3 S}{1.2.3dx^3} + \frac{\alpha^4 d^4 S}{1.2.3.4dx^4} + \&c.$$

となる．しかしながら，すでに私が別の場所で説明した方法
によって，この方程式から

$$S = -\frac{1}{\alpha} \int X dx + \frac{1}{2} X - \frac{\alpha A dX}{2dx} + \frac{\alpha^3 B d^3 X}{2^3 dx^3} - \frac{\alpha^5 C d^5 X}{2^5 dx^5} + \&c.$$

という等式を見出すことができる．ここで A, B, C, $\&c.$ は，
ちょうど私が展開した数とまさしく同じ数であり，積分 $\int X dx$
と関数 X の任意次数の微分を含むその他の項を与えることで，
この方法によってこの等式から求めたい和 S に到達するので
ある．

7. 符号の変動を得るためには，α を 2α と置き換えることによって，

$$f(x) + f(x + 2\alpha) + f(x + 4\alpha) + \&c.$$
$$= -\tfrac{1}{2\alpha}\int X dx + \tfrac{1}{2}X - \frac{\alpha A dx}{dx}^* + \frac{\alpha^3 B d^3 X}{dx^3} - \frac{\alpha^5 C d^5 X}{dx^5} + \&c.$$

という和を得るが，この 2 倍から先ほどの級数を差し引くことによって，以下の式を得る：

$$f(x) - f(x + \alpha) + f(x + 2\alpha)$$
$$\qquad - f(x + 3\alpha) + f(x + 4\alpha) - \&c.$$
$$= \tfrac{1}{2}X - \frac{(2^2-1)\alpha A dX}{2dx} + \frac{(2^4-1)\alpha^3 B d^3 X}{2^3 dx^3}$$
$$\qquad\qquad - \frac{(2^6-1)\alpha^5 C d^5 X}{dx^3}^* + \&c.$$

ここで，$\int X dx$ を含んでいた項は消えてしまった．さて，我々の目標に近付く最良の道筋は，$f(x) = X = x^m$ とすることにより，次の級数和を得ることである：

$$x^m - (x + \alpha)^m + (x + 2\alpha)^m$$
$$\qquad - (x + 3\alpha)^m + (x + 4\alpha)^m - \&c. =$$
$$\tfrac{1}{2}x^m - \frac{(2^2-1)m\alpha A x^{m-1}}{2} + \frac{(2^4-1)m(m-1)(m-2)\alpha^3 B x^{m-3}}{2^3}$$
$$- \frac{(2^6-1)m(m-1)(m-2)(m-3)(m-4)\alpha^5 C x^{m-5}}{2^5}$$
$$+ \frac{(2^8-1)m(m-1)(m-2)(m-3)(m-4)(m-5)(m-6)\alpha^7 D x^{m-7}}{2^7},$$
$$\&c.$$

指数が正の整数であれば，有限個の項しかを含んでいない．そこで，$\alpha = 1$ と置くことによって，第一種の級数 ☉ が得られる．

$$x^m - (x + 1)^m + (x + 2)^m - (x + 3)^m$$
$$\qquad + (x + 4)^m - (x + 5)^m + \&c. =$$
$$\tfrac{1}{2}x^m - \tfrac{m}{2}(2^2 - 1)A x^{m-1} + \tfrac{m}{2.}\tfrac{(m-1)}{2.}\tfrac{(m-2)}{2}(2^4 - 1)B x^{m-3}$$
$$- \tfrac{m}{2.}\tfrac{(m-1)}{2.}\tfrac{(m-2)}{2.}\tfrac{(m-3)}{2.}\tfrac{(m-4)}{2}(2^6 - 1)C x^{m-5}$$
$$+ \tfrac{m}{2.}\tfrac{(m-1)}{2.}\tfrac{(m-2)}{2.}\tfrac{(m-3)}{2.}\tfrac{(m-4)}{2.}\tfrac{(m-5)}{2.}\tfrac{(m-6)}{2}(2^8 - 1)D x^{m-7},$$
$$\&c.$$

8. ここで，第一種の全ての級数和 ☉ を一般に得るために
は，$x = 1$ とすればよいだけだが，$x = 0$ と置くとさらに簡単
にそれらの値を見出すことができる．上記の式から，級数和

$$0^m - 1^m + 2^m - 3^m + 4^m - 5^m + 6^m - 7^m + \&c.$$

が得られ，その負の値がちょうど求めるものである．ところ
が，$x = 0$ と置くと，x の指数が 0 以外の項は全て消えてしま
うことになり，その項が残るのも m が奇数の場合のみである．
そのために，偶数の場合は，全ての項，したがって級数和も
また 0 となる．そこで，これらの和の負の値をとって，次の
等式を見出すことになる．

$m = 0 \mid 1 - 1 + 1 - 1 + 1 - \&c. = \frac{1}{2}$

$m = 1 \mid 1 - 2 + 3 - 4 + 5 - 6 + \&c. = +1\frac{2^2-1}{2}A,$

$m = 2 \mid 1 - 2^2 + 3^2 - 4^2 + 5^2 - 6^2 + \&c. = 0,$

$m = 3 \mid 1 - 2^3 + 3^3 - 4^3 + 5^3 - 6^3 + \&c. = -1.2.3\frac{2^4-1}{2^3}B,$

$m = 4 \mid 1 - 2^4 + 3^4 - 4^4 + 5^4 - 6^4 + \&c. = 0,$

$m = 5 \mid 1 - 2^5 + 3^5 - 4^5 + 5^5 - 6^5 + \&c. = +1.2..5.\frac{2^6-1}{2^5}C,$

$m = 6 \mid 1 - 2^6 + 3^6 - 4^6 + 5^6 - 6^6 + \&c. = 0,$

$m = 7 \mid 1 - 2^7 + 3^7 - 4^7 + 5^7 - 6^7 + \&c. = -1.2..7.\frac{2^8-1}{2^7}D,$

$m = 8 \mid 1 - 2^8 + 3^8 - 4^8 + 5^8 - 6^8 + \&c. = 0,$

$m = 9 \mid 1 - 2^9 + 3^9 - 4^9 + 5^9 - 6^9 + \&c. = +1.2..9.\frac{2^{10}-1}{2^9}E,$

$m = 10 \mid 1 - 2^{10} + 3^{10} - 4^{10} + 5^{10} - 6^{10} + \&c. = 0,$

$$\&c.$$

これらの和を計算すれば，第 3 節で述べた値と同じものであ
ることが分かるが，ここでは文字 $A, B, C, \&c$ にそれらの関
係が現れている．

9. 我々は，この級数を第一種の級数 ☉ と第二種の級数 ☽
に分けたが，いずれも以下の等式を導く同じ数列 $A, B, C, D,$

&c. を含んでいる.

$$\frac{1-2+3-4+5-6+\&c.}{1-\dfrac{1}{2^2}+\dfrac{1}{3^2}-\dfrac{1}{4^2}+\dfrac{1}{5^2}-\dfrac{1}{6^2}+\&c.} = +\frac{1(2^2-1)}{(2-1)\pi^2},$$

$$\frac{1-2^2+3^2-4^2+5^2-6^2+\&c.}{1-\dfrac{1}{2^3}+\dfrac{1}{3^3}-\dfrac{1}{4^3}+\dfrac{1}{5^3}-\dfrac{1}{6^3}+\&c.} = 0,$$

$$\frac{1-2^3+3^3-4^3+5^3-6^3+\&c.}{1-\dfrac{1}{2^4}+\dfrac{1}{3^4}-\dfrac{1}{4^4}+\dfrac{1}{5^4}-\dfrac{1}{6^5}{}^{*}+\&c.} = -\frac{1.2.3(2^4-1)}{(2^3-1)\pi^4},$$

$$\frac{1-2^4+3^4-4^4+5^4-6^4+\&c.}{1-\dfrac{1}{2^5}+\dfrac{1}{3^5}-\dfrac{1}{4^5}+\dfrac{1}{5^5}-\dfrac{1}{6^5}+\&c.} = 0,$$

$$\frac{1-2^5+3^5-4^5+5^5-6^5+\&c.}{1-\dfrac{1}{2^6}+\dfrac{1}{3^6}-\dfrac{1}{4^6}+\dfrac{1}{5^6}-\dfrac{1}{6^6}+\&c.} = +\frac{1.2..5(2^6-1)}{(2^5-1)\pi^6},$$

$$\frac{1-2^6+3^6-4^6+5^6-6^6+\&c.}{1-\dfrac{1}{2^7}+\dfrac{1}{3^7}-\dfrac{1}{4^7}+\dfrac{1}{5^7}-\dfrac{1}{6^7}+\&c.} = 0,$$

$$\frac{1-2^7+3^7-4^7+5^7-6^7+\&c.}{1-\dfrac{1}{2^8}+\dfrac{1}{3^8}-\dfrac{1}{4^8}+\dfrac{1}{5^8}-\dfrac{1}{6^8}+\&c.} = +\frac{1.2..7(2^8-1)}{(2^7-1)\pi^9},$$

$$\frac{1-2^8+3^8-4^8+5^8-6^8+\&c.}{1-\dfrac{1}{2^9}+\dfrac{1}{3^9}-\dfrac{1}{4^9}+\dfrac{1}{5^9}-\dfrac{1}{6^9}+\&c.} = 0,$$

$$\frac{1-2^9+3^9-4^9+5^9-6^9+\&c.}{1-\frac{1}{2^{10}}+\frac{1}{3^{10}}-\frac{1}{4^{10}}+\frac{1}{5^{10}}-\frac{1}{6^{10}}+\&c.} = +\frac{1.2...9(2^{10}-1)}{(2^9-1)\pi^{10}},$$

$$\&c.$$

これらの等式に先行する等式は

$$\frac{1-1+1-1+1-1+\&c.}{1-\dfrac{1}{2}+\dfrac{1}{3}-\dfrac{1}{4}+\dfrac{1}{5}-\dfrac{1}{6}+\&c.} = \frac{1}{2l2}$$

であるが，これらの関係は完全に隠されている．

10. しかしながら，これらの等式の考察によって，より一般の公式：

$$\frac{1 - 2^{n-1} + 3^{n-1} - 4^{n-1} + 5^{n-1} - 6^{n-1} + \&c.}{1 - \dfrac{1}{2^n} + \dfrac{1}{3^n} - \dfrac{1}{4^n} + \dfrac{1}{5^n} - \dfrac{1}{6^n} + \&c.}$$
$$= N \frac{1.2.3....(n-1)(2^n - 1)}{(2^{n-1} - 1)\pi^n}$$

が導かれた．ここで，指数 n に対する係数 N を正しく定めることのみが残されている．そのために，いま考察していた指数 n に対応する係数 N の値を考察すると

$n\|$	2,	3,	4,	5,	6,	7,	8,	9,	10	&c.
$N\|$	+1,	0,	−1,	0,	+1,	0,	−1,	0,	+1	&c.

となっており，n が奇数のときは文字 N が必ず消え，$n = 4i + 2$ のときは必ず $N = +1$ であり，$n = 4i$ のときは $N = -1$ になることから，$N = \cos\frac{n\pi}{2}$ となる条件を満たしていることは明らかである．この理由から，私は『次の予想』(la *conjecture suivante*) −等式

$$\frac{1 - 2^{n-1} + 3^{n-1} - 4^{n-1} + 5^{n-1} - 6^{n-1} + \&c.}{1 - 2^{-n} + 3^{-n} - 4^{-n} + 5^{-n} - 6^{-n} + \&c.}$$
$$= \frac{-1.2.3....(n-1)(2^n - 1)}{(2^{n-1} - 1)\pi^n} \cos\frac{n\pi}{2}$$

がいかなる指数 n に対しても成立する−を思い切って述べよう．この予想はおそらく極めて大胆に見えることだろうが，n が 1 より大きな正の整数の場合には符合しているので，まず $n = 1$ の場合に，そのあとで $n = 0$ の場合に符合することを証明しよう．そのあとで，もしこの予想が n が正の数のとき

に正当であれば，n が負の整数のときにも正当であることを示す．最後に，n がいくつかの分数の場合に証拠を示す．

11. まず $n = 1$ とすると，$\dfrac{1 - 1 + 1 - 1 + 1 - 1 + \&c.}{1 - \frac{1}{2} + \frac{1}{3} - \frac{1}{4} + \frac{1}{5} - \frac{1}{6} + \&c.}$ という形を得て，その値は $\frac{1}{2l2}$ であることは明らかである．ところが，我々の式ではこの場合 $1.2.3...(n-1) = 1$, $2^n - 1 = 1$, $\pi^n = \pi$ であるが，その他の部分 $\cos \frac{n\pi}{2}$ と $2^{n-1} - 1$ はともに消えてしまう．私がこの値を表す理由はこのためであり，我々の予想ではこの場合に

$$-\frac{1}{\pi} \cdot \frac{\cos \frac{n\pi}{2}}{2^{n-1} - 1}$$

という値を与えており，分数 $\frac{\cos \frac{n\pi}{2}}{2^{n-1} - 1}$ の値を定める必要があるが，$n = 1$ の場合には分子と分母が消える．文字 n を変数とみなすことによって，分子の微分が $-\frac{\pi dn}{2} \sin \frac{n\pi}{2}$ であり，分母の微分が $2^{n-1} dn l2$ となるため，この場合分数は $-\frac{\frac{\pi}{2} \sin \frac{n\pi}{2}}{2^{n-1} l2}$ と等しく，$n = 1$ と置くと $-\frac{\pi}{2l2}$ に約分されるので，我々が探していた値

$$-\frac{1}{\pi} \cdot \frac{\cos \frac{n\pi}{2}}{2^{n-1} - 1} = +\frac{1}{2l2},$$

となることは明らかである．我々の予想は $n = 1$ の場合もまた正しく，それは後続の場合の法則とは一見異なるように見えるのであり，これがすでにこの予想の真実性の強い根拠である；間違った仮説がこのテストを合格することは不可能であろうから，我々の予想はすでに十分強固に確立されているとみなすこともできるだろう：しかしながら私は，同じように説得力のあるもっと多くの証拠を提示しよう．

12. 今度は $n=0$ とすると，

$$\frac{1-\frac{1}{2}+\frac{1}{3}-\frac{1}{4}+\frac{1}{5}-\frac{1}{6}+\&c.}{1-1+1-1+1-1+\&c.}$$

という形が得られて，その値は明らかに $2l2$ である．ところが我々の予想は，$\cos\frac{n\pi}{2}=1$, $2^{n-1}-1=-\frac{1}{2}$, $\pi^n=1$ なので，この場合 $+2.1.2.3....(n-1)(2^n-1)$ を与え，その因子の $1.2.3....(n-1)$ が無限となり，もうひとつの因子 2^n-1 は消える．我々はこの場合によって予想が少なくとも矛盾していないことがすでに分かる．しかし，完全な一致を証明するために一般に

$$1.2.3....(n-1)=\frac{1}{n}.1.2.3....n$$

となり，$n=0$ の場合 $1.2.3...n=1$ であることから，$1.2.3....(n-1)=\frac{1}{n}$ となることに注意すると，これにより我々の予想から生み出される値は $\frac{2(2^n-1)}{n}$ であるが，分子も分母も $n=0$ のときに消えるので，それらの微分で置き換えさえすれば良いが，n を変量とみなして，別の分数 $\frac{2.2^n dnl2}{dn}=2.2^n l2$ となって $n=0$ の場合の値と同じである．ここで，これがこの級数の性質が要求する同じ値 $2l2$ を明確にもたらしている．こうして，我々は新たな確証を得たことになり，先の根拠と合わせて予想の完全な証明の代わりになるだろう．それでもやはり，これによってあらゆる可能な場合を一挙に含む直接証明をさらに求めることが，ますます正当化されることになる．

13. n が正の整数の場合に我々の予想が正当化されたので，これから n が任意の負の整数の場合にも成立することを証明しよう．これらの場合，$1.2.3....(n-1)$ の値は無限となって，証明には問題となるように見えるが，他の場所で見たようにこの障害は乗り越えられる．符号 $[\lambda]$ を $1.2.3....\lambda$ として，常に $[\lambda].[-\lambda]=\frac{\lambda\pi}{\sin\lambda\pi}$ が成立することが証明されている．そこ

で我々の予想において $n-1 = -m$ あるいは $n = -m+1$ とすると

$$\frac{1 - 2^{-m} + 3^{-m} - 4^{-m} + 5^{-m} +^{*} 6^{-m} + \&c.}{1 - 2^{m-1} + 3^{m-1} - 4^{m-1} + 5^{m-1} - 6^{m-1} + \&c.} = \frac{-1.2.3....(-m)(2^{-m+1} - 1)}{(2^{-m} - 1)\pi^{-m+1}} \cos\frac{(1-m)\pi}{2}.$$

という式を得る. ここで, $1.2.3....(-m) = [-m]$ および $[m][-m] = \frac{m}{\sin m\pi}$ から, $1.2.3....(-m) = \frac{m\pi}{1.2.3....m \sin m\pi} = \frac{\pi}{1.2.3....(m-1)\sin m\pi}$ となる. $\cos\frac{(1-m)\pi}{2} = \sin\frac{m\pi}{2}$ であるので, これらの代用によって上記の式は以下の形となる:

$$-\frac{2(2^{m-1} - 1)\pi^m}{(2^m - 1)1.2.3....(m-1)\sin m\pi}\sin\frac{m\pi}{2}$$
$$= -\frac{(2^{m-1} - 1)\pi^m}{1.2.3..(m-1)(2^m - 1)\cos\frac{m\pi}{2}},$$

というのも $\sin m\pi = 2\sin\frac{m\pi}{2}\cos\frac{m\pi}{2}$ となるためである. さて, あとはこの等式をひっくり返すことだけであるが, 分母を上に分子を下にすることによって等式

$$\frac{1 - 2^{m-1} + 3^{m-1} - 4^{m-1} + 5^{m-1} - 6^{m-1} + \&c.}{1 - 2^{-m} + 3^{-m} - 4^{-m} + 5^{-m} - 6^{-m} + \&c.}$$
$$= -\frac{1.2.3....(m-1)(2^m - 1)}{(2^{m-1} - 1)\pi^m}\cos\frac{m\pi}{2}.$$

が得られるが, これは仮定された等式であり, これから n が正の数のときに予想が正しければ, n が負の数 $m = -n+1$ のときにも正しいことが明らかに分かる.

14. 他の注目すべき場合は $n = 1/2$ とするときに現れるが, この場合

$$\frac{1 - \frac{1}{\sqrt{2}} + \frac{1}{\sqrt{3}} - \frac{1}{\sqrt{4}} + \frac{1}{\sqrt{5}} - \frac{1}{\sqrt{6}} + \&c.}{1 - \frac{1}{\sqrt{2}} + \frac{1}{\sqrt{3}} - \frac{1}{\sqrt{4}} + \frac{1}{\sqrt{5}} - \frac{1}{\sqrt{6}} + \&c.}$$

という分数式が得られ，分子と分母は同じであり，したがって値は1となる．予想によると，

$$-\frac{1.2.3....(-\frac{1}{2})(\sqrt{2}-1)}{\left(\frac{1}{\sqrt{2}}-1\right)\sqrt{\pi}}\cos\frac{\pi}{4}=+\frac{\left[-\frac{1}{2}\right]\sqrt{2}}{\sqrt{\pi}}\cdot\frac{1}{\sqrt{2}}=\frac{\left[-\frac{1}{2}\right]}{\sqrt{\pi}}$$

という式に等しいことが示されなければならない．ここで他の場所で示したように，一般項が $1.2.3...n=[n]$ の超幾何数列 $1, 1.2, 1.2.3, 1.2.3.4$ &c., を調べると，$n=1/2$ と置くと $\left[\frac{1}{2}\right]=\frac{1}{2}\sqrt{\pi}$ と $\left[\frac{1}{2}\right]=\frac{1}{2}\left[-\frac{1}{2}\right]$ より $\left[-\frac{1}{2}\right]=\frac{1}{2}^{*}\sqrt{\pi}$ は明らかであり，これから上記の式は1に等しい．指数 n が正あるいは負の任意の整数に対して証明されただけでなく，$n=\frac{1}{2}$ の場合にも我々の予想は証明されたことになり，これによって我々の予想の真実性に関しては疑い得ないであろう．n が他の分数のときにも試みたくなるかもしれないが，特別な証明についてはほとんど希望がない．というのも n が分数のときには $1-2^n+3^n-4^n+5^n-$ &c. の値を誰も決定できていないからである．これらの場合，我々は近似値で満足しなければならないが，我々の予想はこれらの場合にも依然として符合していることが分かるだろう．

15. そのような場合を試みるために，$n=\frac{3}{2}$ としよう．このとき分数

$$\frac{1-\sqrt{2}+\sqrt{3}-\sqrt{4}+\sqrt{5}-\sqrt{6}+\text{\&c.}}{1-\frac{1}{2\sqrt{2}}+\frac{1}{3\sqrt{3}}-\frac{1}{4\sqrt{4}}+\frac{1}{5\sqrt{5}}-\frac{1}{6\sqrt{6}}+\text{\&c.}}$$

は，$1.2.3....(n-1)=\left[\frac{1}{2}\right]=\frac{1}{2}\sqrt{\pi}$ および $\cos\frac{3\pi}{4}=-\frac{1}{\sqrt{2}}$ だから $\frac{2\sqrt{2}-1}{2(2-\sqrt{2})\pi}=\frac{3+2\sqrt{2}}{2\pi\sqrt{2}}=0.4967738$ と一致するべきである．
　ここで，上の級数はもし9つの項が足し合わされると，

$$1-\sqrt{2}+\sqrt{3}-\sqrt{4}+\sqrt{5}-\sqrt{6}+\sqrt{7}-\sqrt{8}+\sqrt{9}=1.9217396662,$$

であり，これから次の無限項の和 $\sqrt{10}-\sqrt{11}+\sqrt{12}-\sqrt{13}+\sqrt{14}-$ &c. を差し引く必要がある．第 7 節より

$$
\begin{aligned}
&\tfrac{1}{2}\sqrt{10}-\tfrac{1(2^2-1)}{4}\cdot\tfrac{A}{\sqrt{10}}+\tfrac{1.1.3(2^4-1)}{4^3}\cdot\tfrac{B}{10^2\sqrt{10}}\\
&\quad-\tfrac{1.1.3.5.7.}{4^5}(2^6-1)\cdot\tfrac{C}{10^4\sqrt{10}}+\tfrac{1.1.3.5.7.9.11}{4^7}(2^8-1)\cdot\tfrac{D}{10^6\sqrt{10}}\\
&=\tfrac{\sqrt{10}}{2}\Big(1-\tfrac{1.3}{2}\cdot\tfrac{A}{10}+\tfrac{1.1.3.15}{2^5}\cdot\tfrac{B}{10^3}-\tfrac{1.1.3.5.7.63}{2^9}\cdot\tfrac{C}{10^5}\\
&\qquad\qquad\qquad+\tfrac{1.1.3..5.7.9.11.255}{2^{13}}\cdot\tfrac{D}{10^7}-\text{\&}c.\Big)
\end{aligned}
$$

ところで，$A=\tfrac{1}{6}$, $B=\tfrac{1}{90}$, $C=\tfrac{1}{945}$, $D=\tfrac{1}{9450}$, $E=\tfrac{1}{93555}$ から，この式の値は $0.48750774577\sqrt{10}$ であることが分かり，これは 1.541610 に近く，これによって上の級数は $1-\sqrt{2}+\sqrt{3}-\sqrt{4}+\sqrt{5}-\sqrt{6}+$ &c. $=0.380129$ となる．

そこで下の級数のために最初の 9 つの項を足し合わせると 0.7821470744 となり，これから次の項の和

$$
\tfrac{1}{20\sqrt{10}}\Big(1+\tfrac{3.3}{2}\cdot\tfrac{A}{10}-\tfrac{3.5.7.15}{2^5}\cdot\tfrac{B}{10^3}\\
+\tfrac{3.5.7.9.11.63}{2^9}\cdot\tfrac{C}{10^5}-\text{\&}c.\Big)
$$

を差し引く必要があるが，これは 0.01698880 に近く，したがって無限級数の値は 0.765158 となる．ここで，最初の級数をこの値で割った値，もしくは分数 $\tfrac{0.380129}{0.765158}$ が 0.4967738 に等しいかどうか見ると，その差は 10 万分の 2 程度であって十分小さいため，決定的な程度の正確さで正しいことは疑い得ない．

16. 我々の予想は，最高度の確実性にまで引き上げられたので，n に分数 $\tfrac{2i+1}{2}$ を代入した場合でも疑いは残らない．こ

れらは,

$$\frac{1 - \sqrt{2} + \sqrt{3} - \sqrt{4} + \&c.}{1 - \frac{1}{2\sqrt{2}} + \frac{1}{3\sqrt{3}} - \frac{1}{4\sqrt{3}}{}^* + \&c.} = +\frac{1(2\sqrt{2} - 1)}{2^1(2 - \sqrt{2})\pi},$$

$$\frac{1 - 2\sqrt{2} + 3\sqrt{3} - 4\sqrt{3} + \&c.}{1 - \frac{1}{2^2\sqrt{2}} + \frac{1}{3^2\sqrt{3}} - \frac{1}{4^2\sqrt{4}} + \&c.} = +\frac{1.3(4\sqrt{2} - 1)}{2^2(4 - \sqrt{2})\pi^2},$$

$$\frac{1 - 2^2\sqrt{2} + 3^2\sqrt{3} - 4^2\sqrt{4} + \&c.}{1 - \frac{1}{2^3\sqrt{2}} + \frac{1}{3^3\sqrt{3}} - \frac{1}{4^3\sqrt{4}} + \&c.} = -\frac{1.3.5(8\sqrt{2} - 1)}{2^3(8 - \sqrt{2})\pi^3},$$

$$\frac{1 - 2^3\sqrt{2} + 3^3\sqrt{3} - 4^3\sqrt{4} + \&c.}{1 - \frac{1}{2^4\sqrt{2}} + \frac{1}{3^4\sqrt{3}} - \frac{1}{4^4\sqrt{4}} + \&c.}$$
$$= -\frac{1.3.5.7(16\sqrt{2} - 1)}{2^4(16 - \sqrt{2})\pi^4},$$

$$\frac{1 - 2^4\sqrt{2} + 3^4\sqrt{3} - 4^4\sqrt{4} + \&c.}{1 - \frac{1}{2^5\sqrt{2}} + \frac{1}{3^5\sqrt{3}} - \frac{1}{4^5\sqrt{4}} + \&c.}$$
$$= +\frac{1.3.5.7.9(32\sqrt{2} - 1)}{2^5(32 - \sqrt{2})\pi^5},$$

$$\frac{1 - 2^5\sqrt{2} + 3^5\sqrt{3} - 4^5\sqrt{4} + \&c.}{1 - \frac{1}{2^6\sqrt{2}} + \frac{1}{3^6\sqrt{3}} - \frac{1}{4^6\sqrt{4}} + \&c.}$$
$$= +\frac{1.3.5.7.9.11(64\sqrt{2} - 1)}{2^6(64 - \sqrt{2})\pi^6},$$

$$\frac{1 - 2^6\sqrt{2} + 3^6\sqrt{3} - 4^6\sqrt{4} + \&c.}{1 - \frac{1}{2^7\sqrt{2}} + \frac{1}{3^7\sqrt{3}} - \frac{1}{4^7\sqrt{4}} + \&c.}$$
$$= -\frac{1.3.5.7.9.11.13(128\sqrt{2} - 1)}{2^7(128 - \sqrt{2})\pi^7},$$

であり,ここで一般の分数 $\frac{2^\lambda\sqrt{2} - 1}{2^\lambda - \sqrt{2}}$ は $\frac{(2^{2\lambda} - 1)\sqrt{2} + 2^\lambda}{2^{2\lambda} - 2}$ となることに注意する.それゆえ,それぞれの級数の対においてもう一方の値が得られれば,もう一方の値もすぐに見出されることになる.

17. 逆数のベキ乗の級数

$$1 - \frac{1}{2^n} + \frac{1}{3^n} - \frac{1}{4^n} + \frac{1}{5^n} - \frac{1}{6^n} + \&c.$$

に関して，すでに注意したように，n が偶数の場合を除きその値を定めることはできず，n が奇数の場合には私の全ての努力はこれまで無益であった．というのは，これらの逆数のベキ乗の級数和をベキ乗の級数和，すなわち一般には

$$1 - 2^{n-1} + 3^{n-1} - 4^{n-1} + 5^{n-1} - 6^{n-1} + \&c.,$$

に帰着することによって，目標まで導く道筋が見出されると期待するかもしれないが，残念ながら n が負の数の場合にはこの和は消えてしまい，したがって何も結論が得られないのである．もしこの不幸な偶然がなければ何の困難も引き起こされないのであり，$n = 2\lambda$ とすると，我々の喜ばしい予想によって，

$$1 - \frac{1}{2^{2\lambda+1}} + \frac{1}{3^{2\lambda+1}} - \frac{1}{4^{2\lambda+1}} + \frac{1}{5^{2\lambda+1}} - \&c. =$$
$$-\frac{(2^{2\lambda} - 1)\pi^{2\lambda+1}}{1.2.3....2\lambda(2^{2\lambda+1} - 1)}$$
$$\cdot \frac{1 - 2^{2\lambda} + 3^{2\lambda} - 4^{2\lambda} + 5^{2\lambda} - \&c.}{\cos\frac{2\lambda+1}{2}\pi}.$$

となる．しかし，最後の式の最後の因子で，分子 $1 - 2^{2\lambda} + 3^{2\lambda} - 4^{2\lambda} + 5^{2\lambda} - \&c.$ と分母 $\cos\frac{2\lambda+1}{2}\pi = -\sin\lambda\pi$ の両方が λ がいかなる整数のときも消えてしまう．こういった分数の値は分子と分母をそれらの微分で代用することによって見出すことができるというのは正しいが，以下に示すようにこの方法では多くを得ることはできないだろう．

18. 分子の微分は

$$2d\lambda(1^{2\lambda}l1 - 1^{2\lambda}l2 + 3^{2\lambda}l3 - 4^{2\lambda}l4 + \&c.)$$

であり，分母の微分は $-\pi d\lambda \cos \lambda\pi$ であることを確認すると，和はこの場合

$$1 - \frac{1}{2^{2\lambda+1}} + \frac{1}{3^{2\lambda+1}} - \frac{1}{4^{2\lambda+1}} + \frac{1}{5^{2\lambda+1}} - \&c. =$$
$$\frac{2(2^{2\lambda}-1)\pi^{2\lambda}}{1.2.3....2\lambda(2^{2\lambda+1}-1)\cos\lambda\pi}$$
$$\cdot (1^{2\lambda}l1 - 2^{2\lambda}l2 + 3^{2\lambda}l3 - 4^{2\lambda}l2^* + \&c.)$$

と表される．λ を数 $1, 2, 3$ &c. で置き換えることによって，次の和が得られることになる：

$$1 - \frac{1}{2^3} + \frac{1}{3^3} - \frac{1}{4^3} + \&c. =$$
$$-\frac{2.3.\pi^2(1l2 - 2^2l2 + 3^2l3 - 4^2l4 + \&c.)}{1.2.7}$$

$$1 - \frac{1}{2^5} + \frac{1}{3^5} - \frac{1}{4^5} + \&c. =$$
$$+\frac{2.15.\pi^4(1l2 - 2^4l2 + 3^4l3 - 4^4l4 + \&c.)}{1.2.3.4.31}$$

$$1 - \frac{1}{2^7} + \frac{1}{3^7} - \frac{1}{4^7} + \&c. =$$
$$-\frac{2.63.\pi^6(1l2 - 2^6l2 + 3^6l3 - 4^6l4 + \&c.)}{1.2.3...6.127}$$

$$1 - \frac{1}{2^9} + \frac{1}{3^9} - \frac{1}{4^9} + \&c. =$$
$$+\frac{2.255.\pi^8(1l2 - 2^8l2 + 3^8l3 - 4^8l4 + \&c.)}{1.2.3.....8.511}$$

$$1 - \frac{1}{2^3} + \frac{1}{3^3} - \frac{1}{4^3} + \&c. =$$
$$-\frac{2.1023.\pi^{10}(1l2 - 2^{10}l2 + 3^{10}l3 - 4^{10}l4 + \&c.)}{1.2.3.....2047}$$
$$\&c.$$

ここで必要とされるのは，次の形の級数和

$$1^{2\lambda}l1 - 2^{2\lambda}l2 + 3^{2\lambda}l3 - 4^{2\lambda}l4 + \&c.$$

を見出すことだけである．しかしながら，この探究はおそらくこれまで見てきたものよりもさらに難しく，この方法が示された目標に導いてくれるという気配はない．

19. これらの等式は，次の級数を考察することにより少しだけ単純になる．$1 + \frac{1}{3^m} + \frac{1}{5^m} + \frac{1}{7^m} + \frac{1}{9^m} + \&c.$ は

$$\frac{2^m - 1}{2(2^{m-1} - 1)}(1 - \frac{1}{2^m} + \frac{1}{3^m} - \frac{1}{4^m} + \frac{1}{5^m} - \&c.$$

と一致し，これから一般に

$$1 + \frac{1}{3^{2\lambda+1}} + \frac{1}{5^{2\lambda+1}} + \frac{1}{7^{2\lambda+1}} + \frac{1}{9^{2\lambda+1}} + \&c. =$$
$$-\frac{\pi^{2\lambda}}{1.2.3...2\lambda \cos \lambda\pi}$$
$$(2^{2\lambda}l2 - 3^{2\lambda}l3 + 4^{2\lambda}l4 - 5^{2\lambda}l5 + \&c.$$

を得ることになり，そのため特別な場合には：

$$1 + \tfrac{1}{3^3} + \tfrac{1}{5^3} + \tfrac{1}{7^3} + \&c. = +\frac{\pi^2(2^2l2 - 3^2l3 + 4^2l4 - \&c.)}{1.2}$$

$$1 + \tfrac{1}{3^4}{}^* + \tfrac{1}{5^5} + \tfrac{1}{7^5} + \&c. = +\frac{\pi^4(2^4l2 - 3^4l3 + 4^4l4 - \&c.)}{1.2.3.4}$$

$$1 + \tfrac{1}{3^7} + \tfrac{1}{5^7} + \tfrac{1}{7^7} + \&c. = +\frac{\pi^6(2^6l2 - 3^6l3 + 4^6l4 - \&c.)}{1.2.3.4.5.6}$$

$$1 + \tfrac{1}{3^9} + \tfrac{1}{5^9} + \tfrac{1}{7^9} + \&c. = +\frac{\pi^8(2^8l2 - 3^8l3 + 4^8l4 - \&c.)}{1.2.3.4.5.6.7.8}$$

$$\&c.$$

となる．ところで，この2つの節での一般の和は指数 λ が正のときのみに正しいことを注意しなければならない．という

のも，それは級数和 $1 - 2^{2\lambda} + 3^{2\lambda} - 4^{2\lambda} + \&c.$ が 0 であるという条件に基づいているからである．$\lambda = 0$ の場合にはもはやこれは正しくないため, $1, 2, 3, 4, 5, \&c$ という数以外には全く値を与えることができない．さらに注意すべきこととして，級数 $l2 - l3 + l4 - l5 + \&c.$ という和は $\frac{1}{2}l\frac{\pi}{2}$ となり，これはここで導いた級数和をいつか見出す期待を残している．

20. 同じように，次の 2 つの無限級数

$$1 - 3^{n-1} + 5^{n-1} - 7^{n-1} + \&c. \text{と} 1 - \frac{1}{3^n} + \frac{1}{5^n} - \frac{1}{7^n} + \frac{1}{9^n} - \&c.$$

とを比べてみると，同種の予想から次の『定理』

$$\frac{1 - 3^{n-1} + 5^{n-1} - 7^{n-1} + \&c.}{1 - 3^{-n} + 5^{-n} - 7^{-n} + \&c.}$$
$$= \frac{1.2.3....(n-1).2^n}{\pi^n} \sin\frac{n\pi}{2},$$

が提示されるが，n が偶数の整数の場合にはこの和は消えてしまい，この場合角が $\frac{n\pi}{2}$ の sine も消えてしまうことになる．そこで，$n = 2\lambda$ として，

$$1 - \frac{1}{3^{2\lambda}} + \frac{1}{5^{2\lambda}} - \frac{1}{7^{2\lambda}} \&c.$$
$$= \frac{-\pi^{2\lambda-1}(3^{2\lambda-1}l3 - 5^{2\lambda-1}l5 + 7^{2\lambda-1}l7 - \&c.)}{1.2.3....(2\lambda-1)2^{2\lambda-1}\cos\lambda\pi}$$

を得るが，ここで λ は任意の正の数である．これから，次の
和が導かれる：

$$1 - \frac{1}{3^2} + \frac{1}{5^2} - \frac{1}{7^2} + \&c.$$
$$= \frac{-\pi(3l3 - 5l5 + 7l7 - \&c.)}{1.2^2},$$

$$1 - \frac{1}{3^4} + \frac{1}{5^4} - \frac{1}{7^4} + \&c.$$
$$= \frac{-\pi^3(3^2l3 - 5^2l5 + 7^2l7 - \&c.)}{1.2.3.2^3},$$

$$1 - \frac{1}{3^6} + \frac{1}{5^6} - \frac{1}{7^6} + \&c.$$
$$= \frac{-\pi^5(3^5l3 - 5^5l5 + 7^5l7 - \&c.)}{1.2.3.4.5.2^5},$$

$$1 - \frac{1}{3^8} + \frac{1}{5^8} - \frac{1}{7^8} + \&c.$$
$$= \frac{-\pi^7(3^7l3 - 5^7l5 + 7^7l7 - \&c.)}{1.2.3.4.5.6.7.2^7},$$

$$1 - \frac{1}{3^{10}} + \frac{1}{5^{10}} - \frac{1}{7^{10}} + \&c.$$
$$= \frac{-\pi^9(3^9l3 - 5^9l5 + 7^9l7 - \&c.)}{1.2.3....9.2^9}.$$

　この最後の予想は先の予想よりも単純な式を含んでいる．こ
の予想は同様に確実であり，完全な証明を見出すことにおい
てより多くの成功がもたらされる希望があり，それは必ずや
この性質の様々な研究に大いなる光を与えるだろう．

　　　　（*が付された箇所は原文のまま）

106

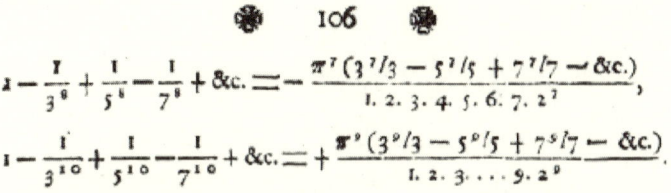

$$1 - \frac{1}{3^8} + \frac{1}{5^8} - \frac{1}{7^8} + \&c. = -\frac{\pi^7\left(3^7/3 - 5^7/5 + 7^7/7 - \&c.\right)}{1.\,2.\,3.\,4.\,5.\,6.\,7.\,2^7},$$

$$1 - \frac{1}{3^{10}} + \frac{1}{5^{10}} - \frac{1}{7^{10}} + \&c. = +\frac{\pi^9\left(3^9/3 - 5^9/5 + 7^9/7 - \&c.\right)}{1.\,2.\,3\ldots9.\,2^9}.$$

Cette derniere conjecture renferme une expreſſion plus ſimple que la précédente; donc, puiſqu'elle eſt également certaine, il y a à eſpérer qu'on travaillera avec plus de ſuccès à en chercher une démonſtration parfaite, qui ne manquera pas de répandre beaucoup de lumiere ſur quantité d'autres recherches de cette nature.

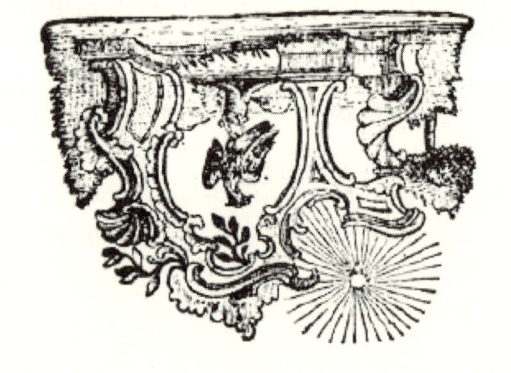

RE-

附録 B　オイラーの太陽系

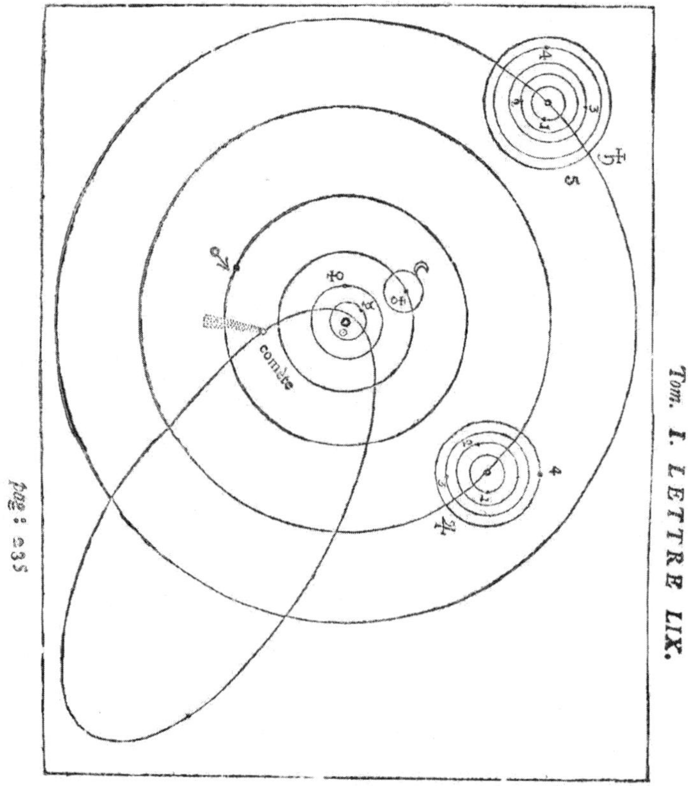

仏語 1768 年版

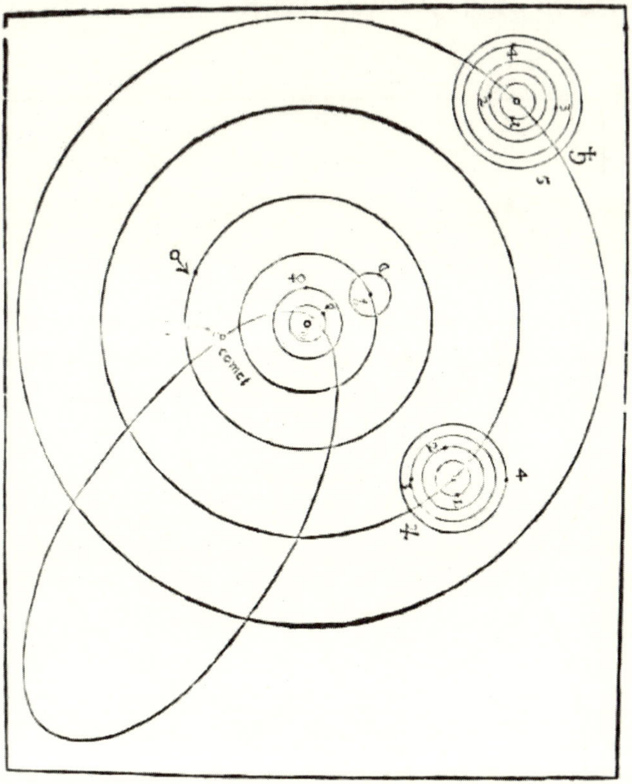

独語 1769 年版

附録 B 259

仏語 1770 年版

附録 C 修正曲

正弦・余弦関数のリストの誤差を交互に並べた楽譜.
（『無限オイラー解析』p.81 参照）

$$総拍数 = (3 \times 7 + 3) + (3 \times 7 + 3) + (3 + 3 + 5) = 42 + 6 + 11 = 59.$$

$$音符の最大拍数 \quad (5, 5, 5).$$

参考文献

[1] A・D・アクゼル『天才数学者たちが挑んだ
　　最大の難問』(早川書房，吉永良正訳)

[2] Archive staffs 『Euler Archive』
　　http://www.math.dartmouth.edu/~euler/

[3] 荒川・伊吹山・金子『ベルヌーイ数とゼータ関数』
　　(牧野書店)

[4] E・アルティン『ガロア理論入門』
　　(東京図書株式会社，寺田文行訳)

[5] J・S・バッハ『音楽の捧げ物』(音楽之友社)

[6] P・ベックマン『πの歴史』
　　(ちくま学芸文庫，田尾陽一・清水韶光訳)

[7] J・D・バロウ『宇宙に法則はあるのか』
　　(青土社，松浦俊輔訳)

[8] B.C.Berndt『Ramanujan's Notebooks』
　　(Springer-Verlag)

[9] W・ダンハム『オイラー入門』
　　シュプリンガー・フェアラーク東京，
　　黒川・若山・百々谷訳)

[10] L・オイラー『Leonhardi Euleri Opera Omnia』
　　(Birkhäuser)

[11] L・オイラー『オイラーの無限解析』
　　『オイラーの解析幾何』(海鳴社，高瀬正仁訳)

[12] E・A・フェルマン『オイラーその生涯と業績』
　　(シュプリンガー・フェアラーク東京，山本敦之訳)

[13] E・G・フォーブス『The Euler-Mayer Correspondence』
　　(American Elsevier)

[14] D・R・ホフスタッター『ゲーデル，エッシャー，
　　バッハ』(白揚社，野崎・はやし・柳瀬訳)

[15] 岩波 数学辞典

[16] 鹿野・平林・山野・金光・吉野・小山『リーマン予想』
　　(日本評論社)

[17] 加藤・斎藤・黒川『数論I　Fermatの夢と類体論』
　　(岩波書店)

[18] V・J・カッツ『カッツ　数学の歴史』
　　(共立出版株式会社，上野健爾・三浦伸夫監訳)

[19] 小林道夫『デカルト哲学の体系』(勁草書房)

[20] 小林昭七『なっとくするオイラーとフェルマー』
（講談社）

[21] 黒川・斎藤・栗原『数論II 岩沢理論と保型形式』
（岩波書店）

[22] 黒川信重『オイラー探検 無限大の滝と12連峰』
（シュプリンガー・ジャパン株式会社）

[23] 黒川信重『オイラー，リーマン，ラマヌジャン』
（岩波書店）

[24] 三井孝美『解析数論』（共立出版株式会社）

[25] 森本光生『UBASICによる解析入門』（日本評論社）

[26] P・J・ナーイン『オイラー博士の素敵な公式』
（日本評論社，小山信也訳）

[27] 中島匠一『代数方程式とガロア理論』
（共立出版株式会社）

[28] 野海正俊『オイラーに学ぶ』（日本評論社）

[29] D・ラウグヴィッツ『リーマン 人と業績』
（シュプリンガー・フェアラーク東京，山本敦之訳）

[30] L・ランドール『ワープする宇宙』
（NHK出版，向山信治監訳 塩原通緒訳）

[31] 斎藤毅『フェルマー予想』（岩波書店）

[32] C.E.Sandifer『The Early Mathematics of L.Euler』
(The Mathematical Association of America)

[33] S・シン『フェルマーの最終定理』
（新潮社，青木薫訳）

[34] 高橋浩樹『無限オイラー解析』（現代数学社）

[35] 高橋秀裕『ニュートン 流率法の変容』
（東京大学出版会）

[36] 高瀬正仁『dxとdyの解析学 オイラーに学ぶ』
（日本評論社）

[37] V.S.Varadarajan『Euler Through Time』
(American Mathematical Society)

[38] M・ウェーバー『プロテスタンティズムの倫理と
資本主義の精神』（岩波書店，大塚久雄訳）

[39] A・ヴェイユ『数論 歴史からのアプローチ』
（日本評論社，足立恒雄・三宅克哉訳）

[40] 山本義隆『重力と力学的世界』（現代数学社）

[41] 山本義隆『磁力と重力の発見』（みすず書房）

[42] 結城浩『数学ガール』（SoftBank Creative）

索引

［あ行］

アーベル 26, 169
アールヤバタ 114
アエネーイス 3
アナクサゴラス 113
アラゴ vii
アルキメデス 113
アルゴリスト iv, 3, 4, 83
アルゴリズム iv, 4, 83, 157
アルファベット 21, 56, 63–65, 190, 203
岩澤 168–170
因果論 176
ヴェイユ iii, vii, 83, 169, 174, 178, 262
ウェーバー 262
ウェルギリウス, 3
美しい関係 viii, 166, 170, 171, 174, 228, 230, 232, 234, 235
エーテル 104, 106, 132, 142, 143, 146, 179
エカテリーナ 2 世 40
エジプト人 113
L 関数 174, 228
エルサレム 215
円周率 10, 60, 69, 70, 78, 80–83, 113–115, 166, 201, 205
円積問題 113, 114, 129, 131
オイラー系 170
オイラー数 228
オイラー積 viii, 10, 156, 170
オイラーの公式 x, 9, 10, 75, 87, 89, 90, 153, 156, 208
オイラー・マクローリン法 viii, 157, 160
音楽 iii, iv, viii, 3, 6, 11–13, 85, 91, 92, 94–96, 98, 99, 101, 106, 186, 187, 195, 198, 199, 201, 204, 231, 261
音楽家 11, 12, 148

［か行］

ガウス 3, 23, 169, 178, 228
化学者 111
微かな違い 165, 177, 197, 230
数そのもの iv, 232
ガロア 26, 169, 170, 261, 262
関数 7, 21, 22, 46, 160
関数等式 10, 173–175, 228
完全数 13, 181, 182
キケロ 213
ギリシャ文字 56, 63, 64, 156, 203, 220
金環日食 viii
近似解 102, 117–125, 160, 176
クラメル 156
グレゴリー級数 78, 79
クンマー 167–169, 174, 227
ケーニヒスベルクの橋 viii
光学 iii, 231
コーシー 168
ゴールドバッハ 77, 168, 202
コンドルセ iv, 3

［さ行］

三角関数 viii, 75, 76, 115, 117

ジェルマン 168
指数関数 8, 32, 34, 50, 57, 60, 75, 87, 89, 90
自然対数の底 10, 60, 65–67
詩篇 65, 110, 202–204, 216
志村 169
シャープ 79, 80
自由思想家 viii, 40, 213, 214
重力 6, 101, 132–139, 141–146, 175, 176, 226, 231, 262
神学 132, 198, 199, 203
真剣な遊び心 189, 231, 232
進法 57, 58, 60, 81, 82, 226
数学者 iii, iv, 3, 11, 12, 16, 22, 26, 28, 45, 54, 84, 90, 113, 114, 145, 150, 156, 166, 170, 179, 231, 261
整関数 46
正弦関数 8, 89, 90, 92, 205, 206
聖書 13, 65, 110, 187, 189, 195–197, 199, 201, 204, 214
正接関数 8, 209
ゼータ関数 9, 10, 64, 116, 156, 166, 167, 169–171, 174, 175, 228, 261
積分計算教程 viii, 20
漸近級数 163
相対論 45
祖冲之 114

[た行]
対数関数 8, 52, 60, 76, 77, 87–90, 190
代数関数 7, 17, 21, 22, 30–32

代数的数 129–131
代数方程式 23, 26, 129, 130, 262
太陽系 6, 138, 257
楕円関数 115
高木 169
ダニエル・ベルヌーイ 23, 145
谷山 169
ダランベール 54, 145
秩序 93, 96
超越関数 8, 17, 21, 30–32, 89, 117, 154, 156, 190
超越数 21, 70, 128–131, 217
超越方程式 116–126, 129, 131
ディリクレ 168, 228
デカルト 103, 145, 176, 179, 261
デサウ王女 4
哲学 vii, 3–5, 7, 13, 42, 84, 142, 145, 147, 164, 176, 179, 231, 261
哲学者 iv, 13, 28, 54, 103, 113, 135, 136, 145, 164, 177, 179, 213, 231
天文学 iii, iv, 3, 56, 84, 136, 139, 148, 160, 198, 231
天文学者 vii, 16, 42, 84, 113, 114, 148
ド・ラニー 78, 80, 83

[な行]
二項定理 48, 49, 51, 52, 72, 73
ニュートン 19, 49, 54, 84, 103, 132, 134–136, 145, 164, 213, 214, 262

[は行]

ハーシェル 148
バーゼル問題 viii, 150, 152, 156, 157, 166, 226
パガニーニ 183
発散級数 viii, 160, 162, 163
バッハ 11–13, 98, 186, 187, 189, 261
バビロニア人 113
p 進 L 関数 169
非正則素数 168, 169, 225–228
ピタゴラス iv
微分計算教程 viii, 20, 49, 166, 197, 228
フェニキア文字 64, 65
フェルマー 166–170, 262
物理学者 54, 231
プトレマイオス 113
ブラン 96, 97, 212, 230
フリードリッヒ大王 10, 12, 40, 68, 189
分数関数 9, 46
ベガ 80
ベキ乗関数 31, 47
ヘブライ文字 65, 203, 220
ベルヌーイ 156
ベルヌーイ数 116, 158, 166, 167, 173, 228, 229, 261
変分法 viii, 4, 15, 16, 189
ポアンカレ 163
保型形式 169, 170, 262
ボレル 163

[ま行]

マイヤー 84, 139, 140
マクローリン展開 67, 158
マチン 78, 79, 81, 83
マテーマタ iv

無限小量 45, 50, 51, 59, 72, 74
無限積 150, 152–154, 156
無限大量 45, 50, 51, 59, 72, 74, 88, 154, 155
無限和 152, 156, 159
メイザー 169, 170

[や行]

ヤコビ 178
友愛数 iv–viii, 181–183, 185
余弦関数 8, 89, 90, 92, 154, 205, 206
余接関数 8, 9, 209
予定調和説 28, 176
ヨハン・ベルヌーイ 3, 178

[ら行]

ラヴォアジェ 102, 111
ラグランジュ 4, 16, 54, 111, 178
ラテン文字 56, 63, 64, 203, 220
ラプラス 3, 16, 111, 176, 178
ラマヌジャン 114, 131, 157, 262
ラメ 168
ラ・モット 86
リーマン 10, 156, 162, 171, 178, 261, 262
リベット 169
量子 45, 176
類体論 169, 261
ルジャンドル 168
零点 156, 169
連分数 9, 115, 162, 198, 224

[わ行]

ワイルズ 169, 170, 174

著者紹介：

高橋浩樹 (たかはし・ひろき)

1968 年　愛媛県伊予市生まれ
1996 年　東京大学大学院数理科学研究科博士後期課程修了
1996 年　広島大学総合科学部助手
2005 年　徳島大学工学部助教授
現　在　広島大学大学院理学研究科准教授・総合科学部

双書③・大数学者の数学／オイラー

無限解析の源流

	2010 年 2 月 18 日　初版 1 刷発行
	著　者　　高橋浩樹
検印省略	発行者　　富田　淳
	発行所　　株式会社　現代数学社
	〒606-8425　京都市左京区鹿ヶ谷西寺ノ前町 1
	TEL&FAX 075 (751) 0727　振替 01010-8-11144
	http://www.gensu.co.jp/
ⓒ Hiroki Takahashi, 2010 Printed in Japan	印刷・製本　　株式会社　合同印刷

ISBN978-4-7687-0387-8　　　　　落丁・乱丁はお取替え致します．